아이스크림 더 연산

왜, 『더 연산』일까요?

수학은 기초가 중요한 학문입니다.

기초가 튼튼하지 않으면 학년이 올라갈수록 수학을 마주하기 어려워지고, 그로 인해 수포자도 생기게 됩니다.
이러한 이유는 수학은 계통성이 강한 학문이기 때문입니다.
수학의 기초가 부족하면 후속 학습에 영향을 주게 되므로 기초는 무엇보다 중요합니다.
또한 기초가 튼튼하면 문제를 해결하는 힘이 생기고 학습에 자신감이 붙게 되므로 기초를 단단히 해야 합니다.

수학의 기초는 연산부터 시작합니다.

『더 연산』은 초등학교 1학년부터 6학년까지의 전체 연산을 모두 모아 덧셈, 뺄셈, 곱셈, 나눗셈을 각 1권으로, 분수, 소수를 각 2권으로 구성하여 계통성을 살려 집중적으로 학습하는 교재입니다(* 아래 표 참고).
연산을 집중적으로 학습하여 부족한 부분은 보완하고, 학습의 흐름을 이해할 수 있게 하였습니다.

덧셈

1-1	1-2	2-1	2-2	3-1	3-2
9까지의 수	100까지의 수	세 자리 수	네 자리 수	덧셈과 뺄셈	곱셈
여러 가지 모양	덧셈과 뺄셈	여러 가지 도형	곱셈구구	평면도형	나눗셈
덧셈과 뺄셈	여러 가지 모양	덧셈과 뺄셈	길이 재기	나눗셈	원
비교하기	덧셈과 뺄셈	길이 재기	시각과 시간	곱셈	분수
50까지의 수	시계 보기와 규칙 찾기	분류하기	표와 그래프	길이와 시간	들이와 무게
-	덧셈과 뺄셈	곱셈	규칙 찾기	분수와 소수	자료의 정리

덧셈을 처음 배우는 시기이므로
덧셈이 무엇인지 확실히 이해하고,
모으기부터 기초를 단단하게 해야 해요.
반복해서 연습해 보세요.

1학년 때 배운 덧셈을 능숙하게
할 수 있다면 다양한 수, 다양한
형태의 덧셈에 도전해 보세요.

『더 연산』은 아래와 같은 상황에 더 필요하고 유용한 교재입니다.

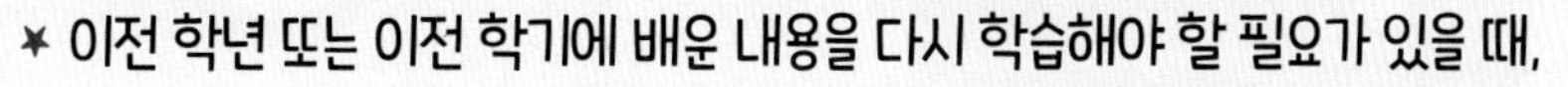

✶ 이전 학년 또는 이전 학기에 배운 내용을 다시 학습해야 할 필요가 있을 때,

✶ 학기와 학기 사이에 배우지 않는 시기가 생길 때,

✶ 현재 학습 내용을 이전 학습, 이후 학습과 연결하여 학습 내용에 대한 이해를 더 견고하게 하고 싶을 때,

✶ 이후에 배울 내용을 미리 공부하고 싶을 때,

『더 연산』이 적합합니다.
『더 연산』은 부담스럽지 않고 꾸준히 학습할 수 있게 하루에 한 주제 분량으로 구성하였습니다.
한 주제는 간단히 개념을 확인한 후 4쪽 분량으로 연습하도록 구성하여 지치지 않게 꾸준히 학습하는 습관을 기를 수 있도록 하였습니다.

* 학기 구성의 예

4-1	4-2	5-1	5-2	6-1	6-2
큰 수	분수의 덧셈과 뺄셈	자연수의 혼합 계산	수의 범위와 어림하기	분수의 나눗셈	분수의 나눗셈
각도	삼각형	약수와 배수	분수의 곱셈	각기둥과 각뿔	소수의 나눗셈
곱셈과 나눗셈	소수의 덧셈과 뺄셈	규칙과 대응	합동과 대칭	소수의 나눗셈	공간과 입체
평면도형의 이동	사각형	약분과 통분	소수의 곱셈	비와 비율	비례식과 비례배분
막대그래프	꺾은선그래프	분수의 덧셈과 뺄셈	직육면체	여러 가지 그래프	원의 넓이
규칙 찾기	다각형	다각형의 둘레와 넓이	평균과 가능성	직육면체의 겉넓이와 부피	원기둥, 원뿔, 구

세 자리 수의 덧셈은 초등학교 덧셈의 끝판왕이에요. 세 자리 수의 덧셈을 완성하면
이후에 배울 분수의 덧셈, 소수의 덧셈도 거뜬히 해낼 수 있어요. 단단하게 자리 잡힌 덧셈 실력으로
어떤 덧셈 문제라도 충분히 해결해 보세요.

구성과 특징

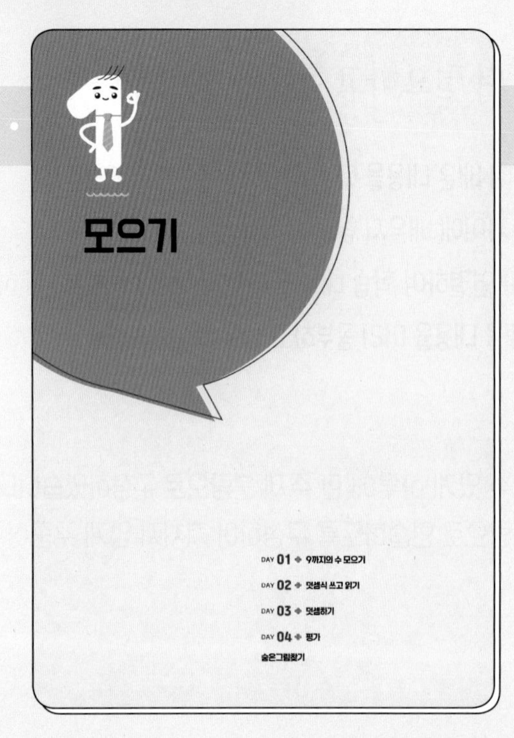

1 공부할 내용을 미리 확인해요.

2 주제별 문제를 해결해요.

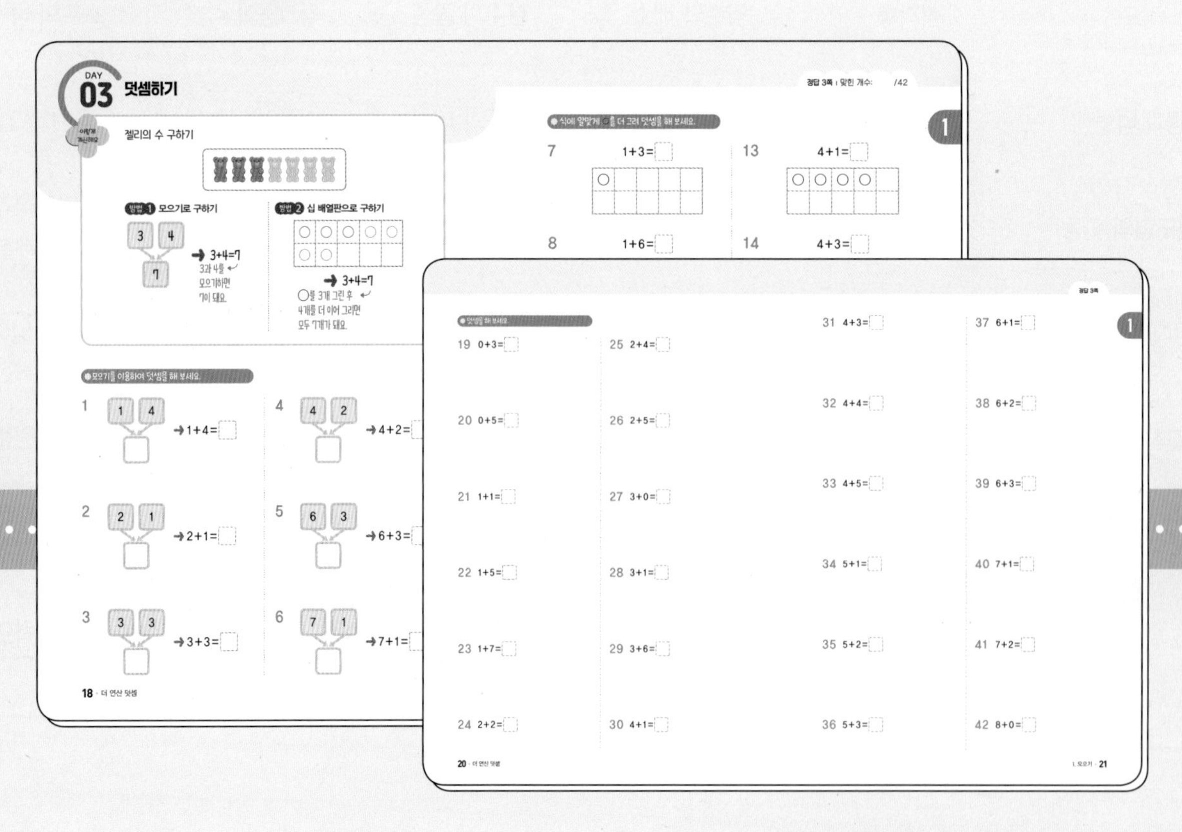

그림을 찾으며
잠시 쉬어 가요.

정답 4쪽

숨은그림 찾기

숨은 그림 8개를 찾아보세요.

24 · 더 연산 덧셈

3 단원을 마무리해요.

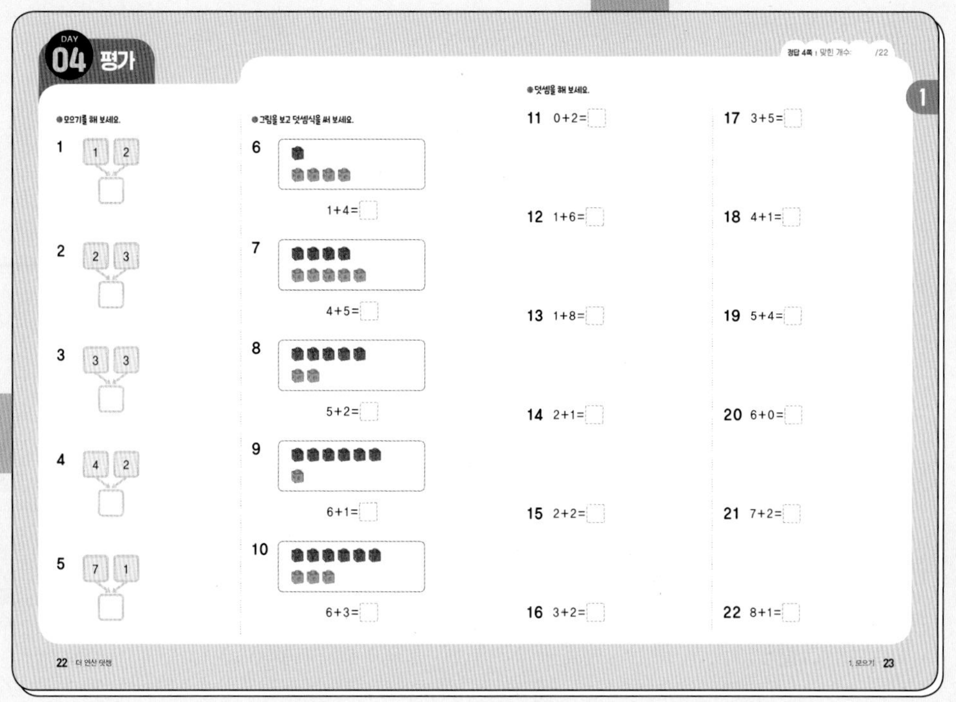

DAY 04 평가

정답 4쪽 | 맞힌 개수: /22

● 모으기를 해 보세요.

1 [1] [2] → [ ]

2 [2] [3] → [ ]

3 [3] [3] → [ ]

4 [4] [2] → [ ]

5 [7] [1] → [ ]

● 그림을 보고 덧셈식을 써 보세요.

6 1+4=[ ]

7 4+5=[ ]

8 5+2=[ ]

9 6+1=[ ]

10 6+3=[ ]

● 덧셈을 해 보세요.

11 0+2=[ ]

12 1+6=[ ]

13 1+8=[ ]

14 2+1=[ ]

15 2+2=[ ]

16 3+2=[ ]

17 3+5=[ ]

18 4+1=[ ]

19 5+4=[ ]

20 6+0=[ ]

21 7+2=[ ]

22 8+1=[ ]

22 더 연산 덧셈 | 1. 모으기 23

차례

1 모으기

2 받아올림이 없는 덧셈

3 여러 가지 덧셈

4

받아올림이 있는 덧셈

5

세 자리 수의 덧셈

공부 습관, 하루를 쌓아요!

공부한 내용에 맞게 공부한 날짜를 적고, 만족한 정도만큼 √표 해요.

공부한 내용	공부한 날짜	√ 확인
DAY 01 9까지의 수 모으기	월 일	
DAY 02 덧셈식 쓰고 읽기	월 일	
DAY 03 덧셈하기	월 일	
DAY 04 평가	월 일	
DAY 05 (몇십)+(몇), (몇)+(몇십)	월 일	
DAY 06 (몇십몇)+(몇), (몇)+(몇십몇)	월 일	
DAY 07 (몇십)+(몇십)	월 일	
DAY 08 (몇십몇)+(몇십몇)	월 일	
DAY 09 평가	월 일	
DAY 10 세 수의 덧셈	월 일	
DAY 11 두 수 더하기: 이어 세는 경우	월 일	
DAY 12 두 수 더하기: 두 수를 바꾸어 더하는 경우	월 일	
DAY 13 두 수 더하기: 10이 되는 경우	월 일	
DAY 14 10을 만들어 세 수 더하기	월 일	
DAY 15 10을 이용하여 모으기	월 일	
DAY 16 (몇)+(몇): 받아올림이 있는 경우	월 일	
DAY 17 평가	월 일	
DAY 18 (두 자리 수)+(한 자리 수)	월 일	
DAY 19 (두 자리 수)+(두 자리 수): 일의 자리에서 받아올림이 있는 경우	월 일	
DAY 20 (두 자리 수)+(두 자리 수): 십의 자리에서 받아올림이 있는 경우	월 일	
DAY 21 (두 자리 수)+(두 자리 수): 받아올림이 두 번 있는 경우	월 일	
DAY 22 여러 가지 방법으로 덧셈하기	월 일	
DAY 23 세 수의 덧셈	월 일	
DAY 24 평가	월 일	
DAY 25 (세 자리 수)+(세 자리 수): 받아올림이 없는 경우	월 일	
DAY 26 (세 자리 수)+(세 자리 수): 받아올림이 한 번 있는 경우	월 일	
DAY 27 (세 자리 수)+(세 자리 수): 받아올림이 두 번 있는 경우	월 일	
DAY 28 (세 자리 수)+(세 자리 수): 받아올림이 세 번 있는 경우	월 일	
DAY 29 평가	월 일	

모으기

DAY 01

9까지의 수 모으기

이렇게 계산해요

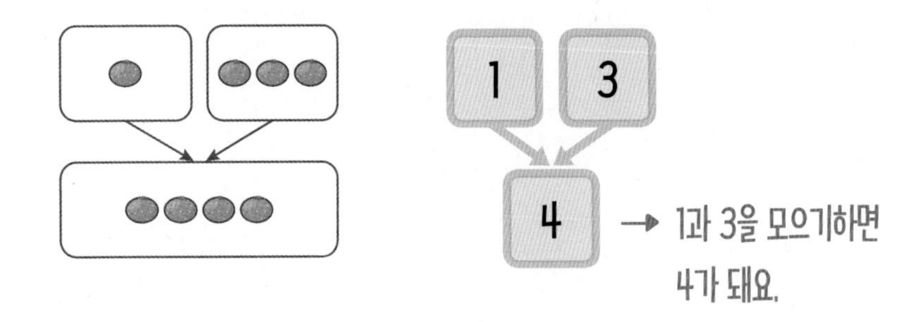

→ 1과 3을 모으기하면 4가 돼요.

● 그림을 보고 모으기를 해 보세요.

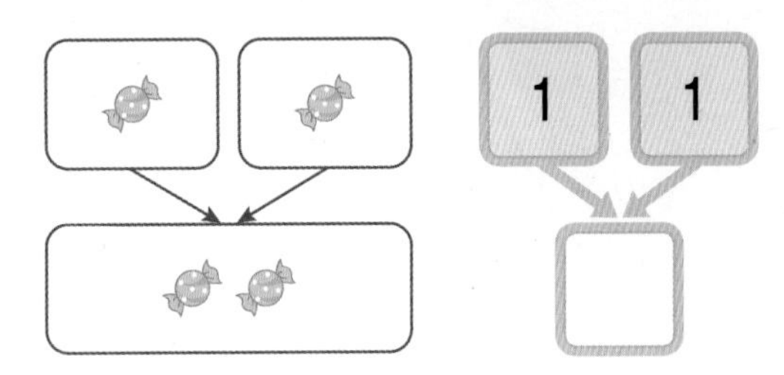

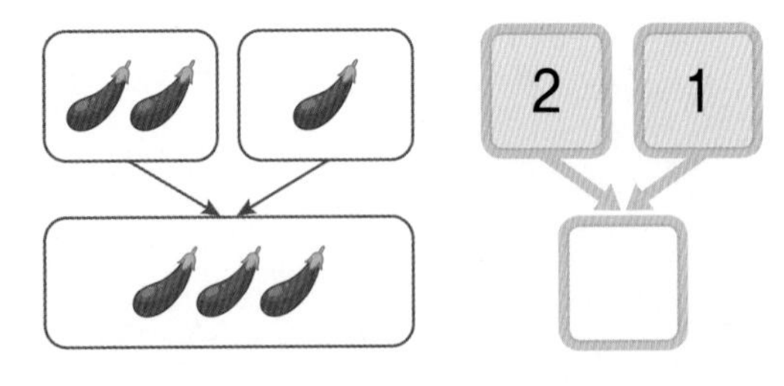

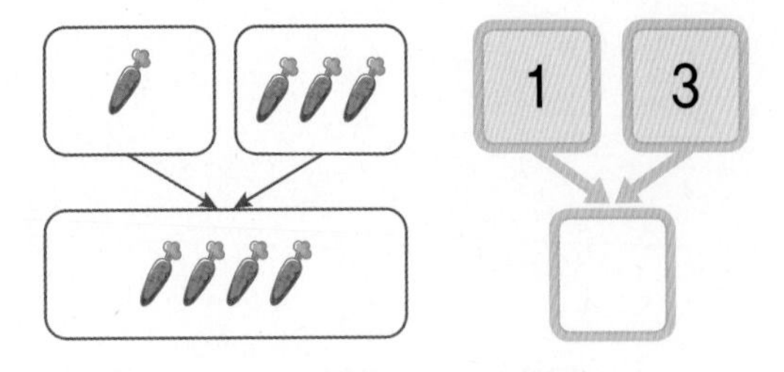

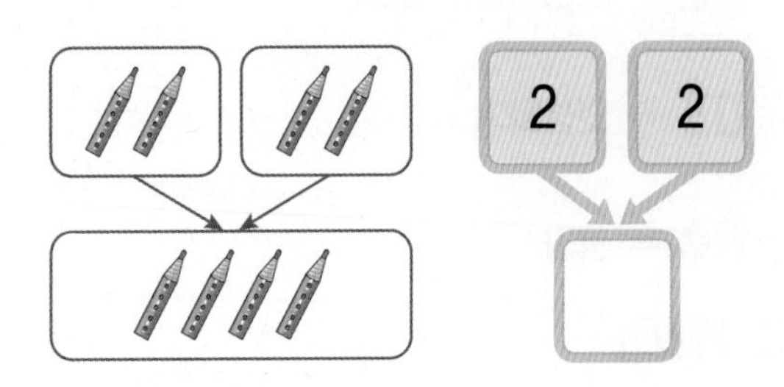

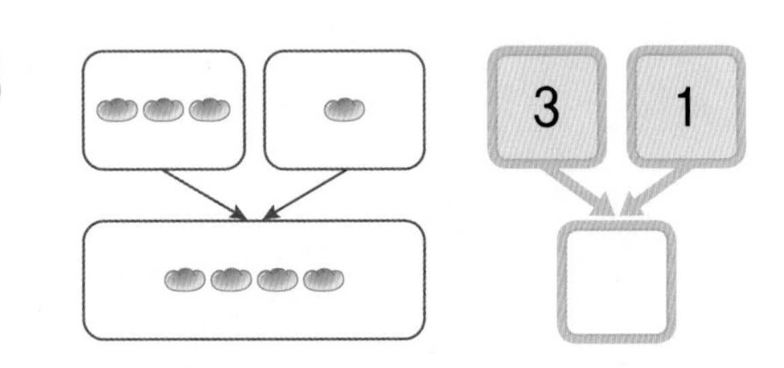

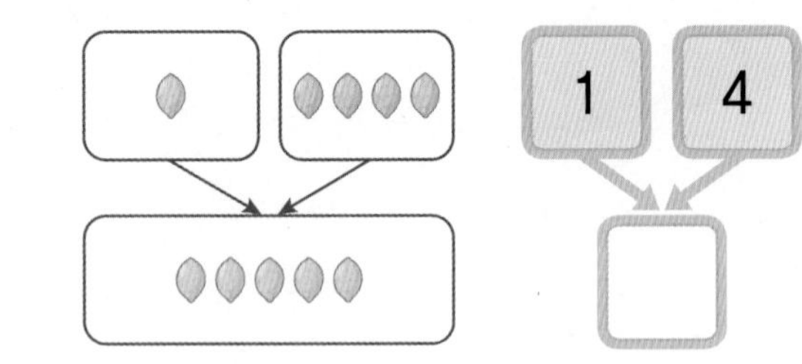

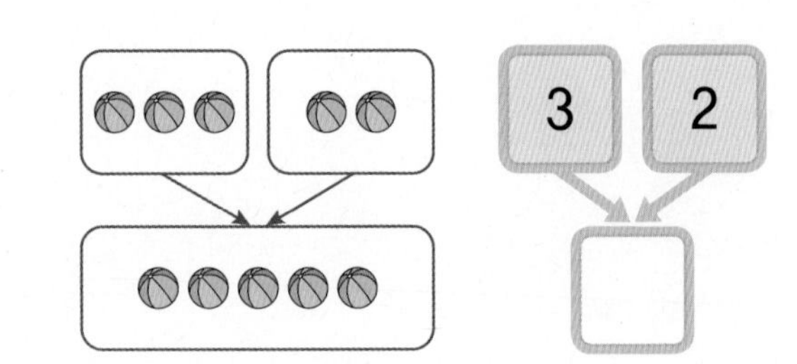

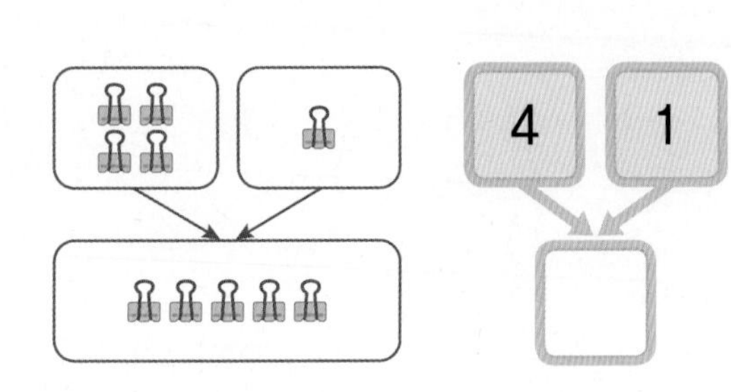

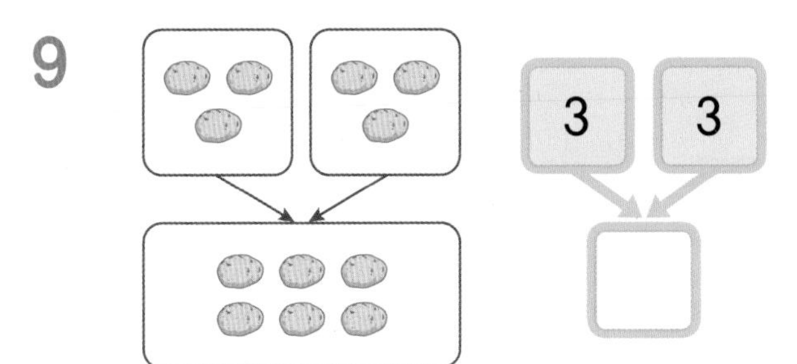
9
3
3

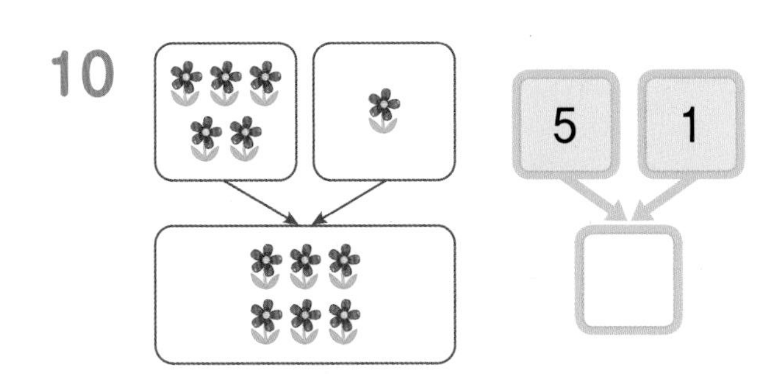
10
5
1

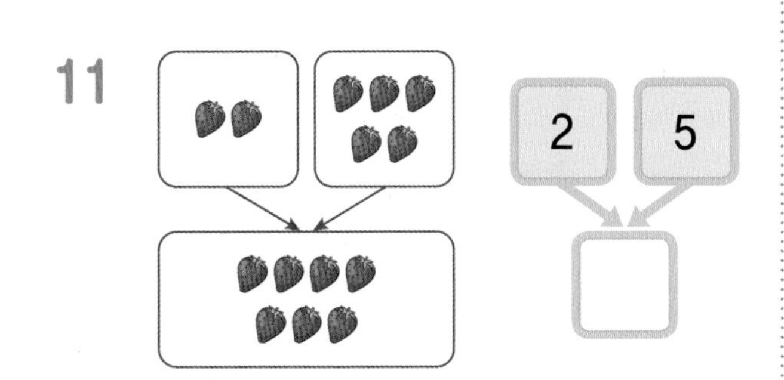
11
2
5

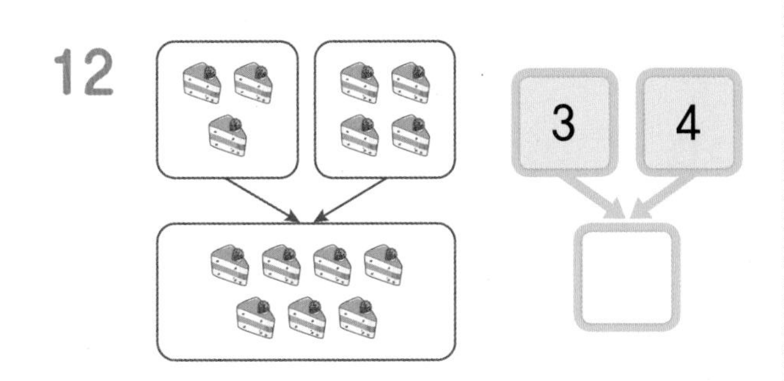
12
3
4

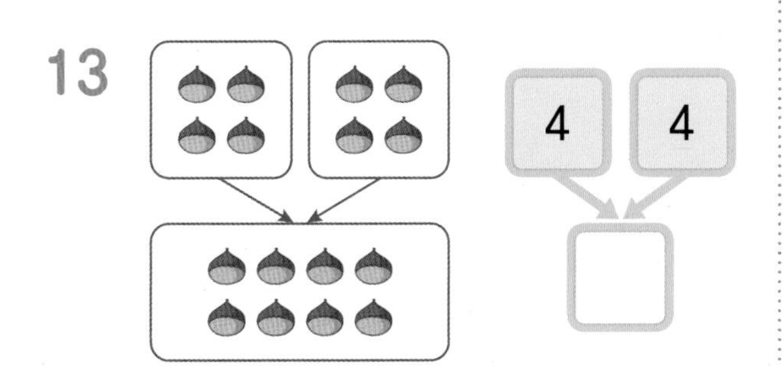
13
4
4

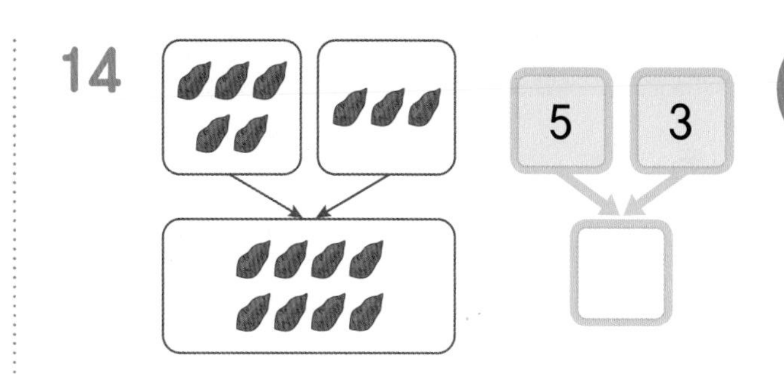
14
5
3

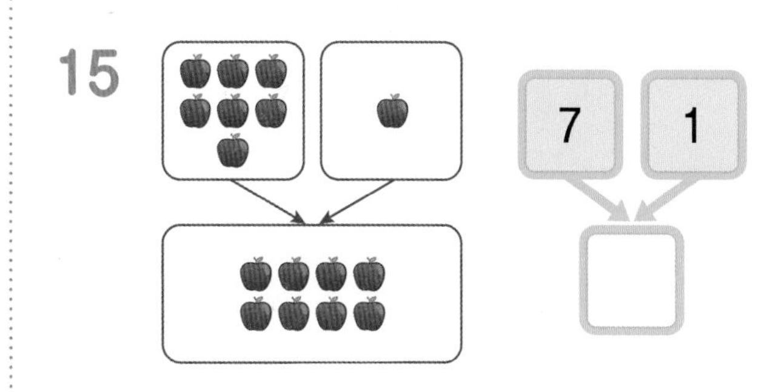
15
7
1

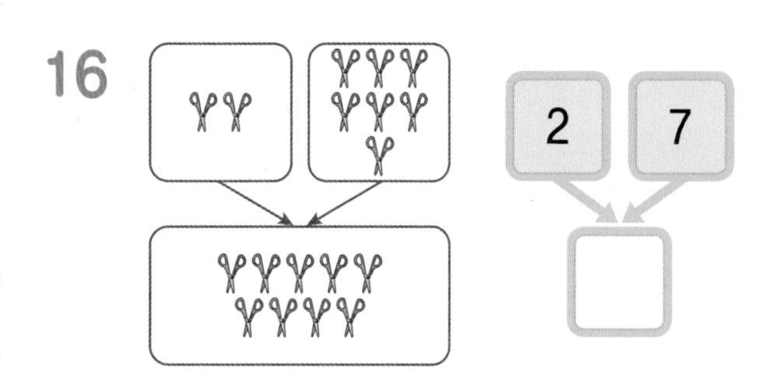
16
2
7

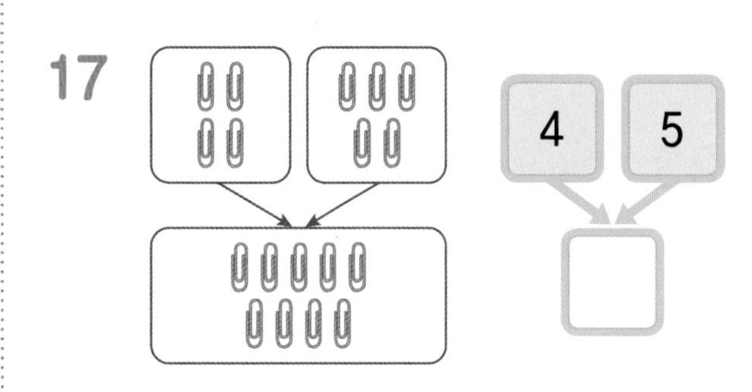
17
4
5

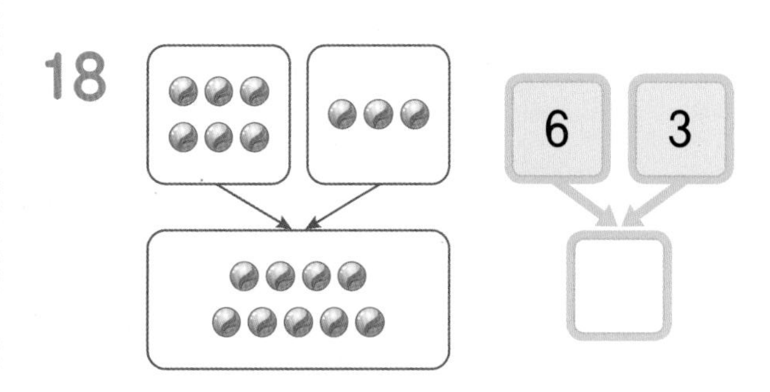
18
6
3

● 모으기를 해 보세요.

19

20

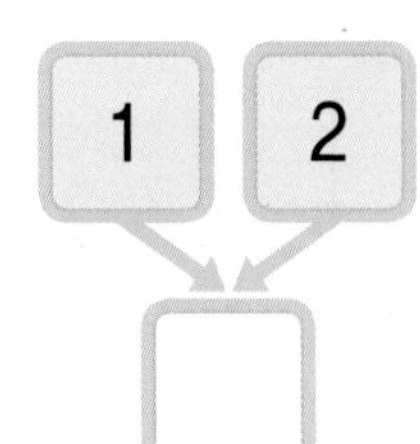

21

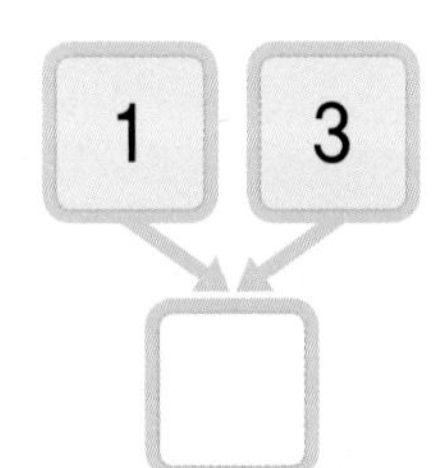

22

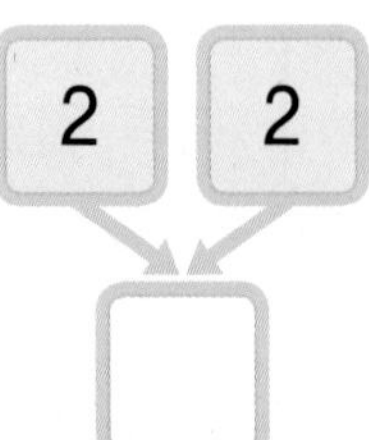

23

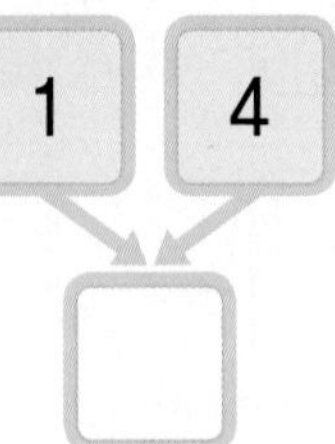

24

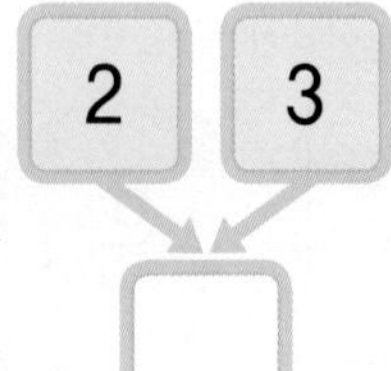

25

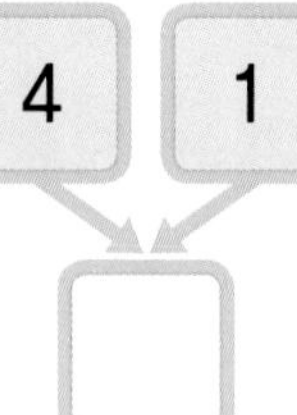

26

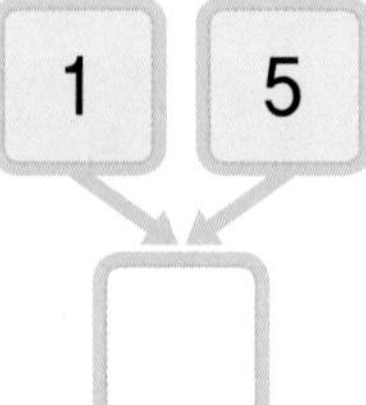

27

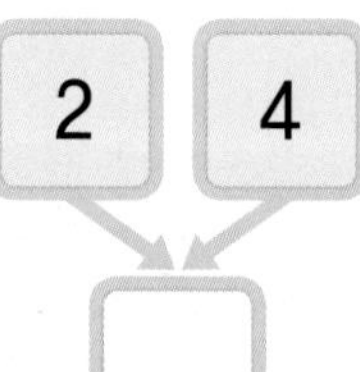

28

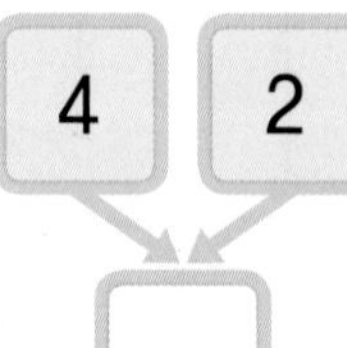

29

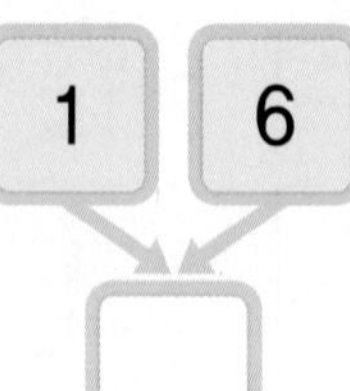

30

31
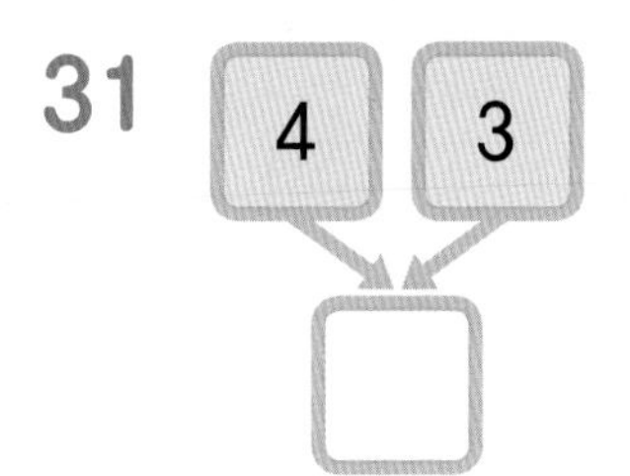

32
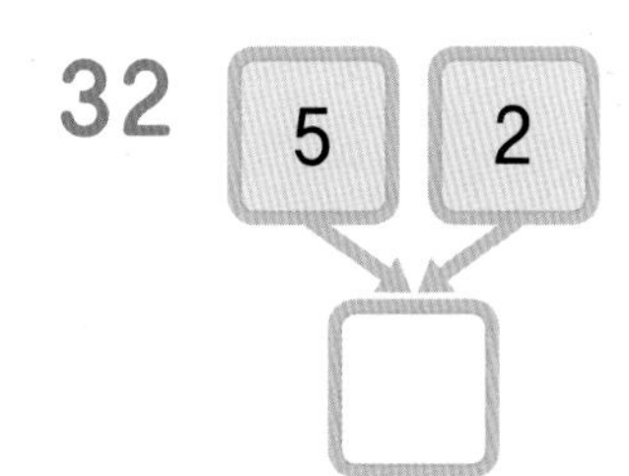

33
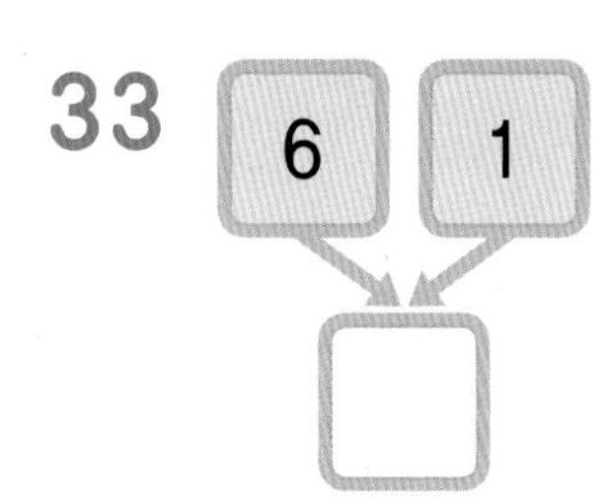

34
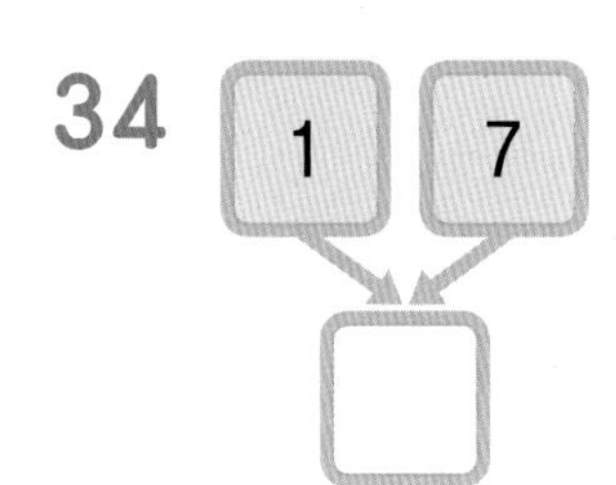

35
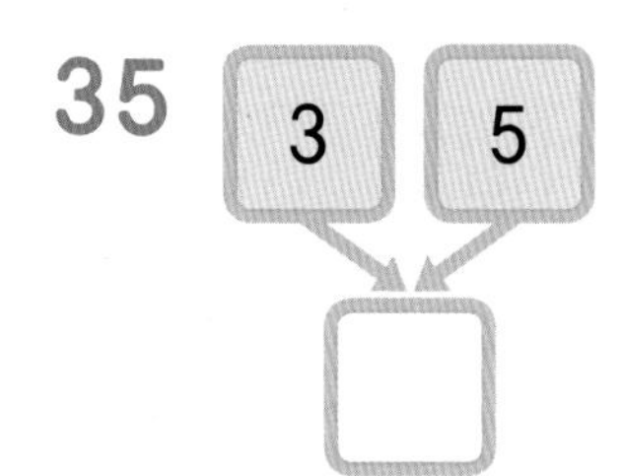

36
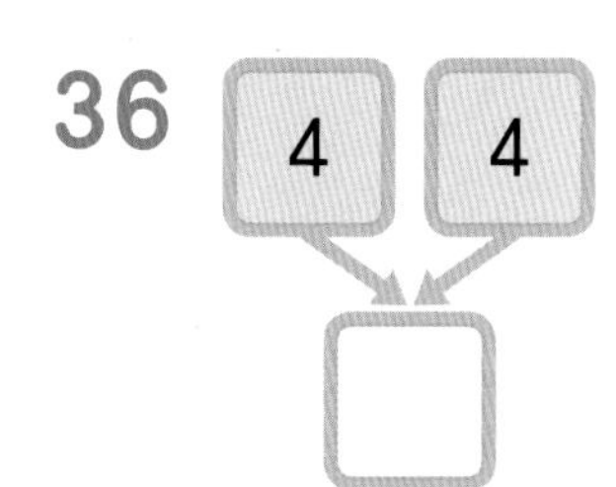

37
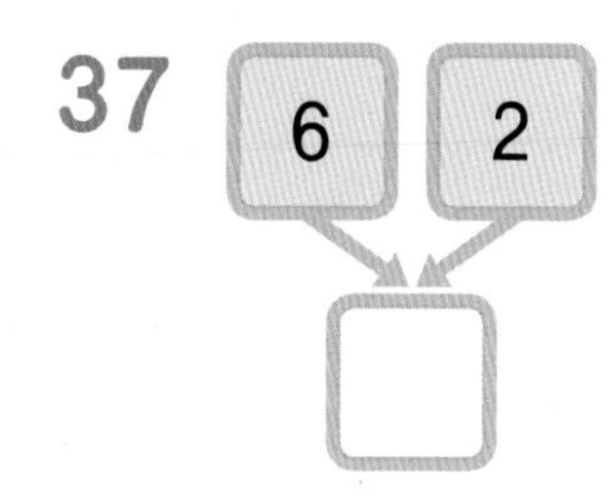

38
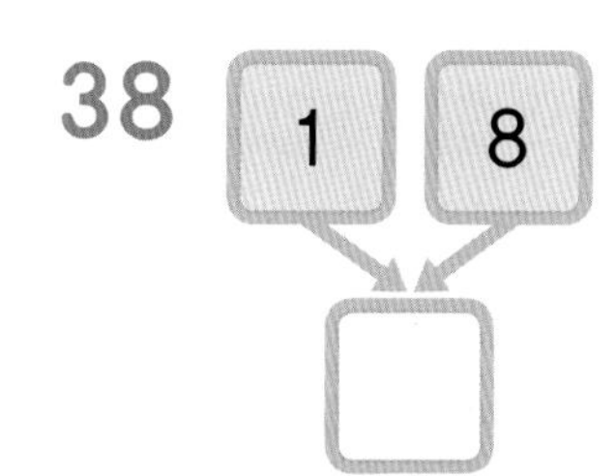

39
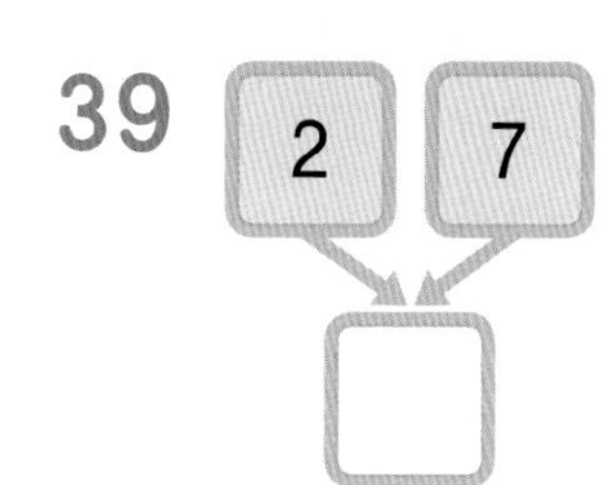

40
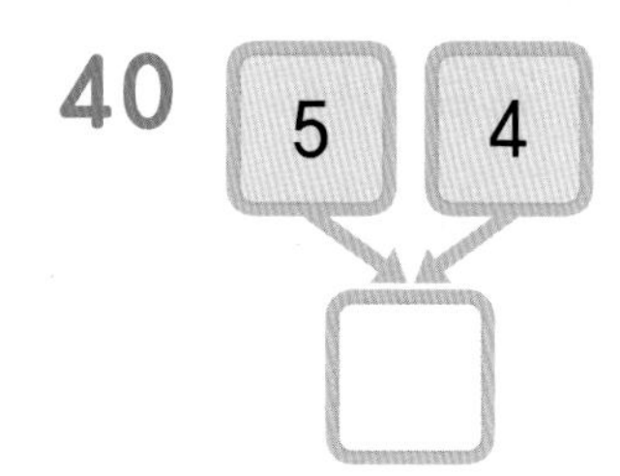

41
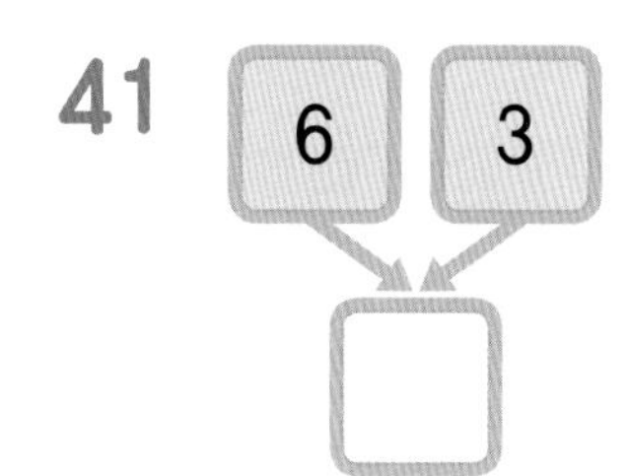

42
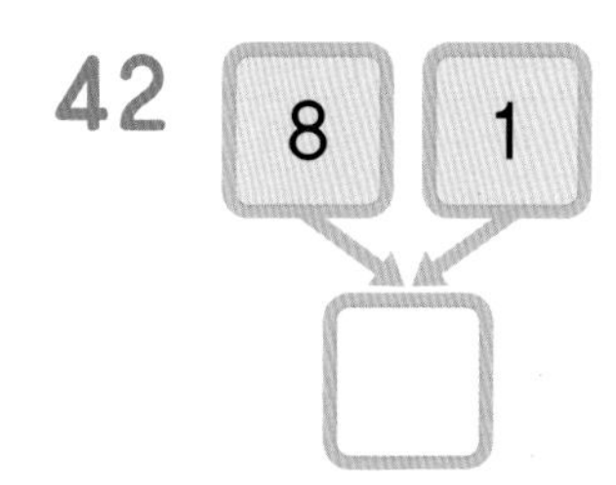

DAY

02 덧셈식 쓰고 읽기

이렇게 계산해요

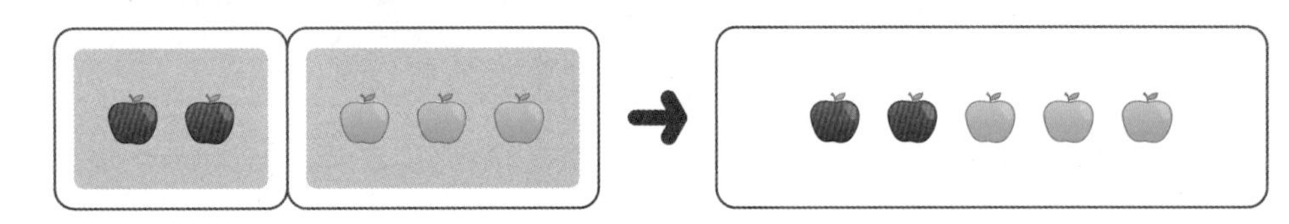

쓰기 2 + 3 = 5

읽기 2 더하기 3은 5와 같습니다.

2와 3의 합은 5입니다.

● 그림을 보고 덧셈식을 쓰고 읽어 보세요.

1

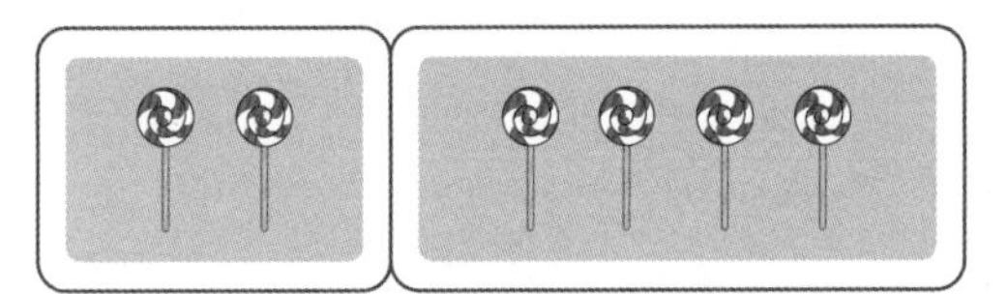

쓰기 2+4=☐

읽기 2 더하기 ☐ 은/는

☐ 와/과 같습니다.

2

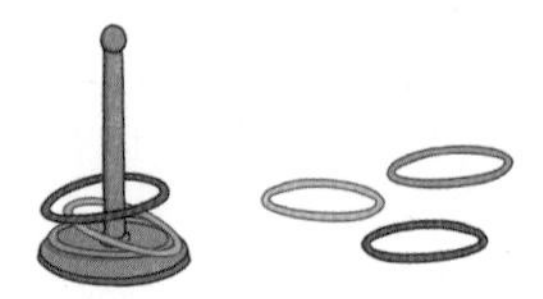

쓰기 3+3=☐

읽기 3 더하기 ☐ 은/는

☐ 와/과 같습니다.

3

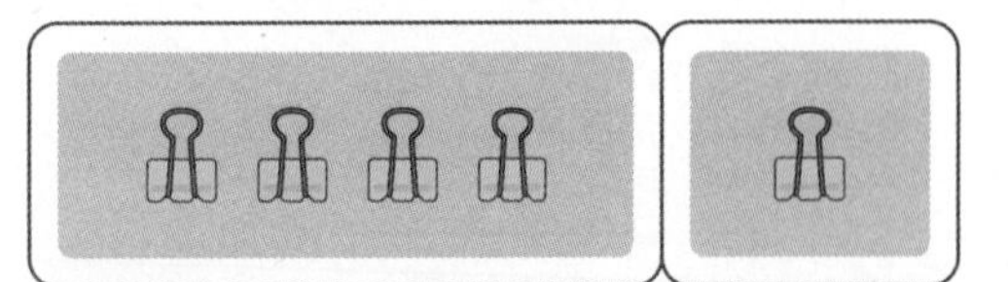

쓰기 4+1=☐

읽기 4 더하기 ☐ 은/는

☐ 와/과 같습니다.

4

쓰기 5+2=☐

읽기 5와 ☐ 의 합은 ☐ 입니다.

5

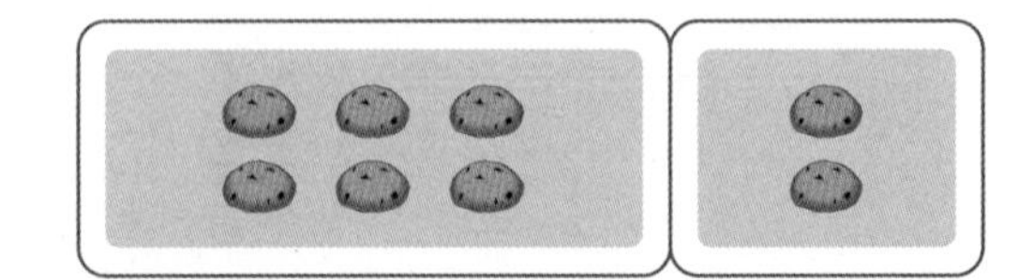

쓰기 6+2=☐

읽기 6과 ☐ 의 합은 ☐ 입니다.

6

쓰기 7+1=☐

읽기 7과 ☐ 의 합은 ☐ 입니다.

● 다음을 덧셈식으로 나타내어 보세요.

7 1 더하기 3은 4와 같습니다.

덧셈식 ______________________

8 1과 8의 합은 9입니다.

덧셈식 ______________________

9 2와 1의 합은 3입니다.

덧셈식 ______________________

10 2 더하기 5는 7과 같습니다.

덧셈식 ______________________

11 3 더하기 1은 4와 같습니다.

덧셈식 ______________________

12 3과 6의 합은 9입니다.

덧셈식 ______________________

13 4와 2의 합은 6입니다.

덧셈식 ______________________

14 5와 1의 합은 6입니다.

덧셈식 ______________________

15 5 더하기 3은 8과 같습니다.

덧셈식 ______________________

16 6과 3의 합은 9입니다.

덧셈식 ______________________

17 7 더하기 2는 9와 같습니다.

덧셈식 ______________________

18 8 더하기 1은 9와 같습니다.

덧셈식 ______________________

● 덧셈식을 읽어 보세요.

19

1+5=6

1 더하기 5는 ☐ 와/과 같습니다.

1과 5의 합은 ☐ 입니다.

20

1+7=8

1 더하기 7은 ☐ 와/과 같습니다.

1과 7의 합은 ☐ 입니다.

21

2+2=4

2 더하기 2는 ☐ 와/과 같습니다.

2와 2의 합은 ☐ 입니다.

22

3+4=7

3 더하기 ☐ 은/는 7과 같습니다.

3과 4의 합은 ☐ 입니다.

23

4+4=8

☐ 더하기 4는 8과 같습니다.

4와 ☐ 의 합은 8입니다.

24

4+5=9

4 더하기 5는 ☐ 와/과 같습니다.

☐ 와/과 5의 합은 9입니다.

25

5+2=7

☐ 더하기 2는 7과 같습니다.

5와 ☐ 의 합은 7입니다.

26

6+1=7

6 더하기 1은 ☐ 와/과 같습니다.

☐ 와/과 1의 합은 7입니다.

27

7+2=9

☐ 더하기 2는 9와 같습니다.

7과 2의 합은 ☐ 입니다.

28

8+1=9

8 더하기 ☐ 은/는 9와 같습니다.

☐ 와/과 1의 합은 9입니다.

정답 2쪽

1

그림을 보고 덧셈식을 써 보세요.

29

1+2=□

30

1+6=□

31

2+3=□

32

2+7=□

33

3+3=□

34

4+3=□

35

5+1=□

36

6+2=□

37

7+2=□

38

8+1=□

DAY

03 덧셈하기

이렇게 계산해요

젤리의 수 구하기

방법 1 모으기로 구하기

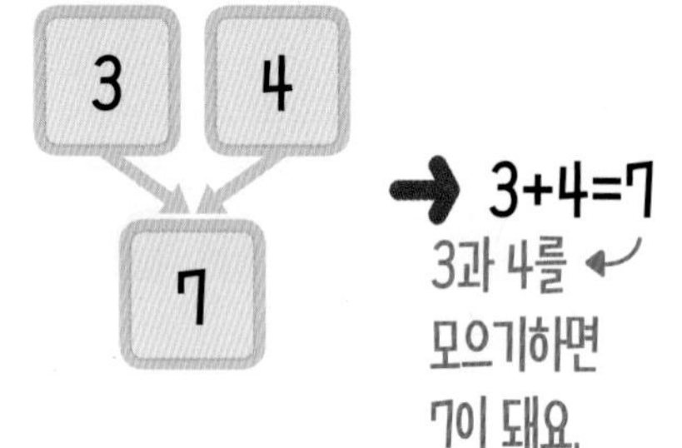

➜ 3+4=7

3과 4를 모으기하면 7이 돼요.

방법 2 십 배열판으로 구하기

○	○	○	○	○
○	○			

➜ 3+4=7

○를 3개 그린 후 4개를 더 이어 그리면 모두 7개가 돼요.

● 모으기를 이용하여 덧셈을 해 보세요.

1   1   4 ➜ 1+4=□

2   2   1 ➜ 2+1=□

3   3   3 ➜ 3+3=□

4   4   2 ➜ 4+2=□

5   6   3 ➜ 6+3=□

6   7   1 ➜ 7+1=□

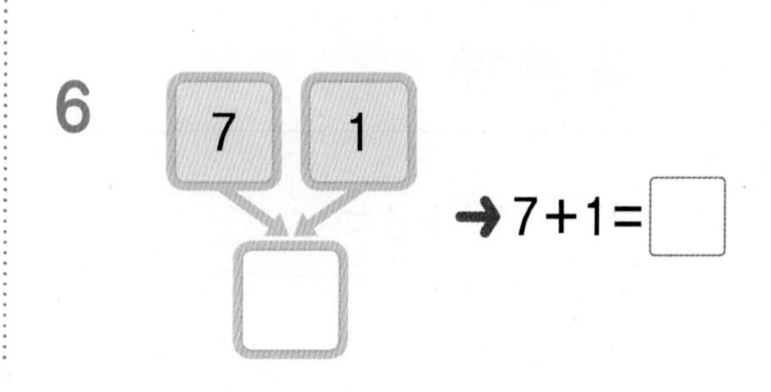

● 식에 알맞게 ○를 더 그려 덧셈을 해 보세요.

7 $1+3=$ □

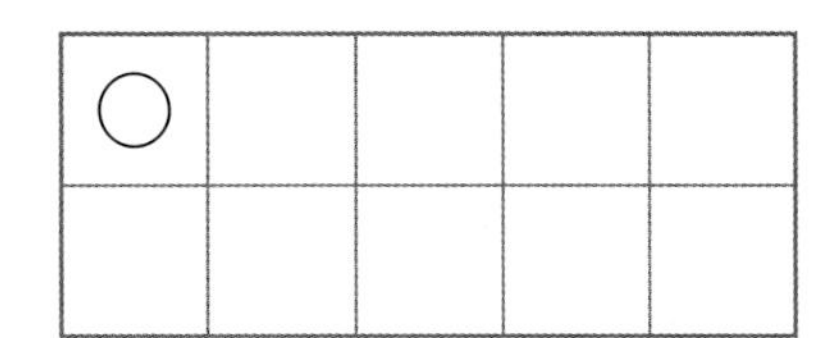

8 $1+6=$ □

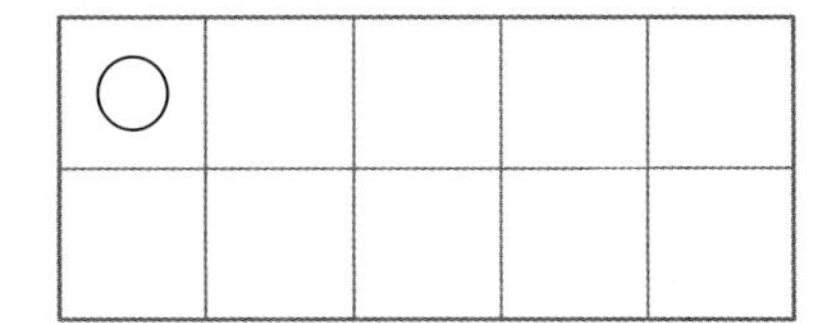

9 $2+3=$ □

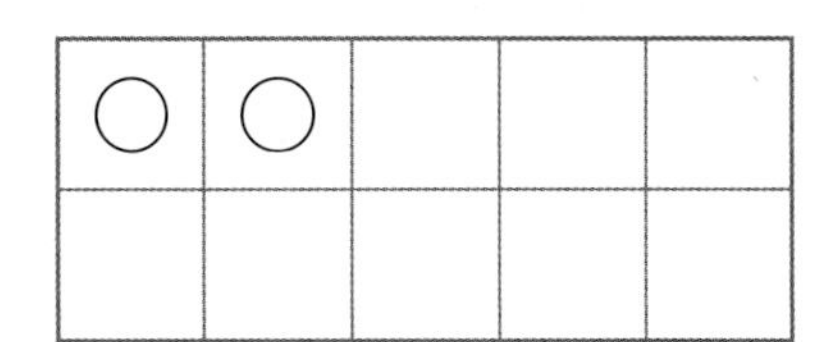

10 $2+7=$ □

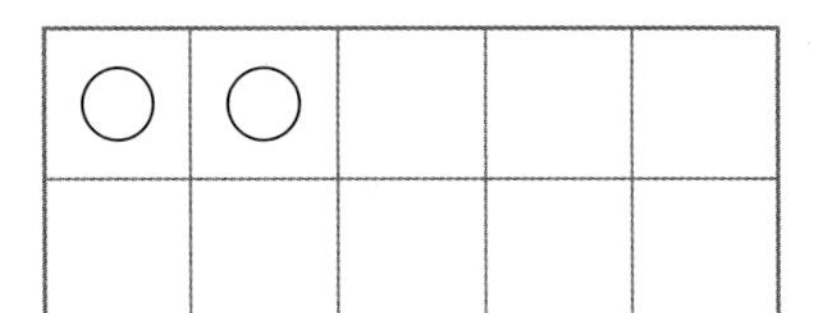

11 $3+2=$ □

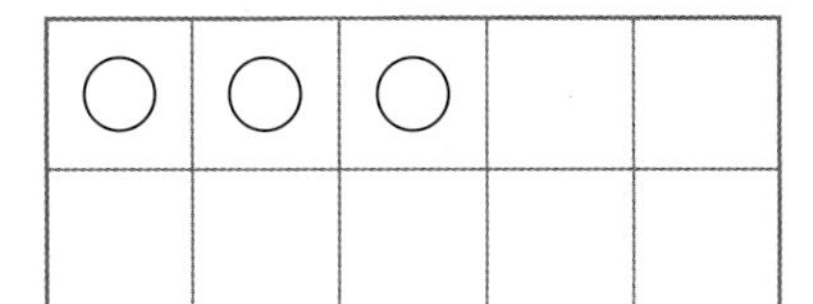

12 $3+5=$ □

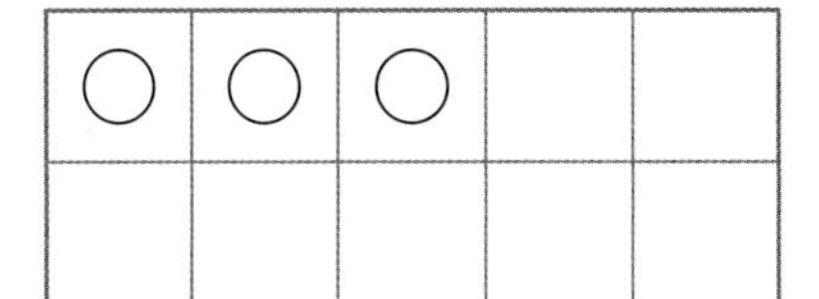

13 $4+1=$ □

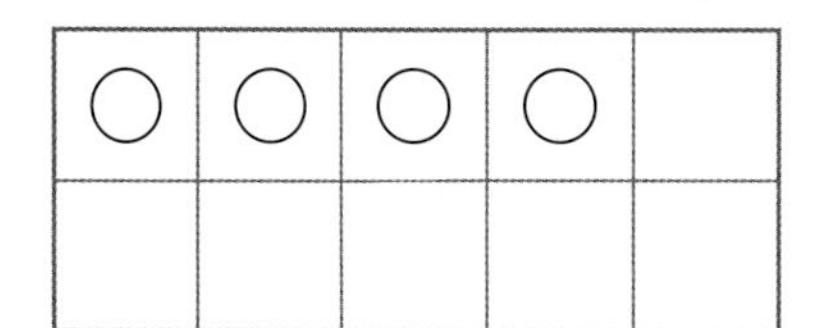

14 $4+3=$ □

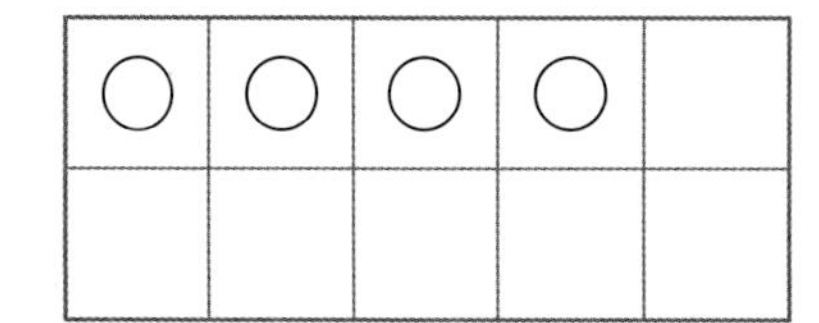

15 $5+4=$ □

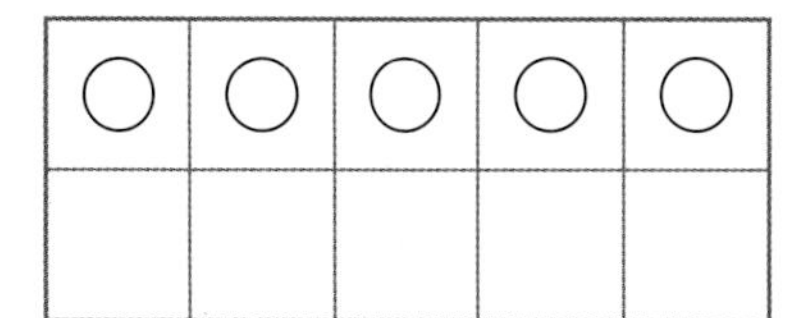

16 $6+2=$ □

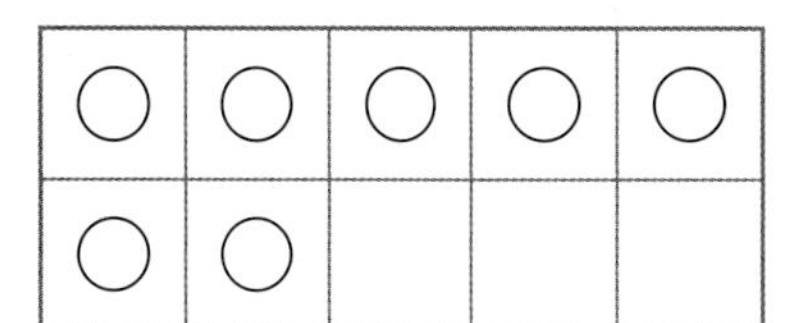

17 $7+2=$ □

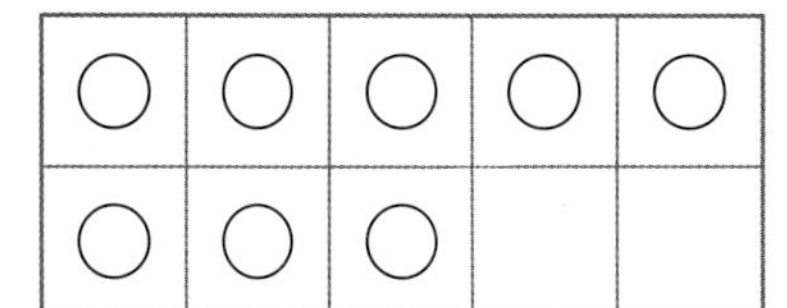

18 $8+1=$ □

● 덧셈을 해 보세요.

19 $0+3=\square$

20 $0+5=\square$

21 $1+1=\square$

22 $1+5=\square$

23 $1+7=\square$

24 $2+2=\square$

25 $2+4=\square$

26 $2+5=\square$

27 $3+0=\square$

28 $3+1=\square$

29 $3+6=\square$

30 $4+1=\square$

31 $4+3=\square$

32 $4+4=\square$

33 $4+5=\square$

34 $5+1=\square$

35 $5+2=\square$

36 $5+3=\square$

37 $6+1=\square$

38 $6+2=\square$

39 $6+3=\square$

40 $7+1=\square$

41 $7+2=\square$

42 $8+0=\square$

DAY 04 평가

● 모으기를 해 보세요.

1

2

3

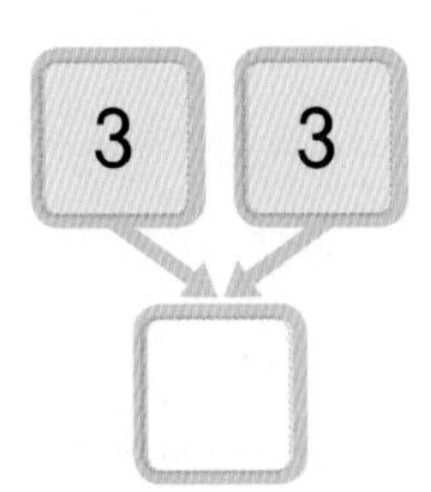

4

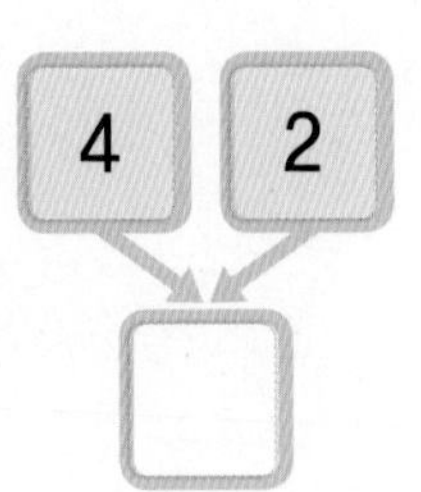

5

● 그림을 보고 덧셈식을 써 보세요.

6

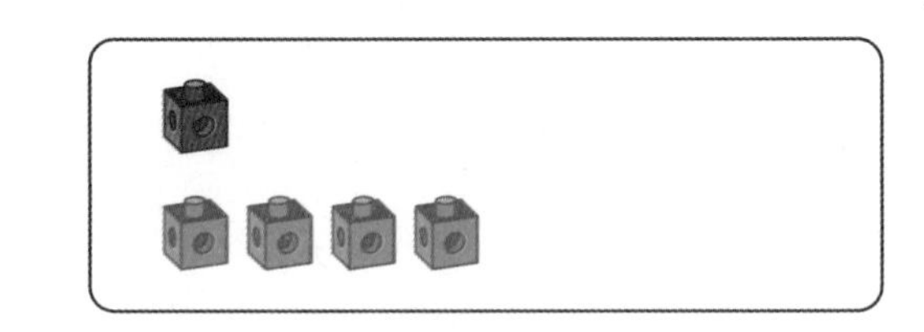

1+4=□

7

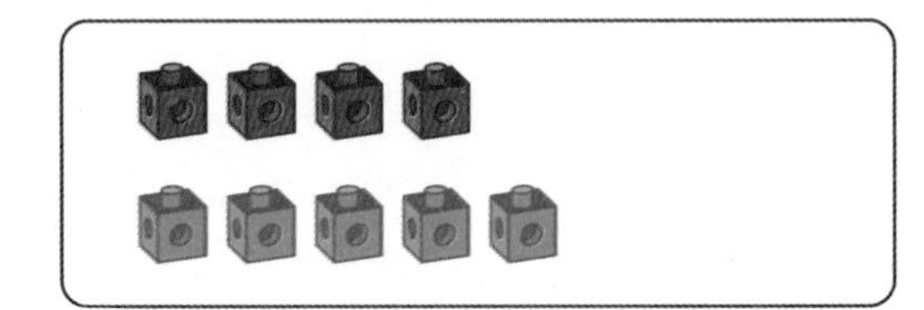

4+5=□

8

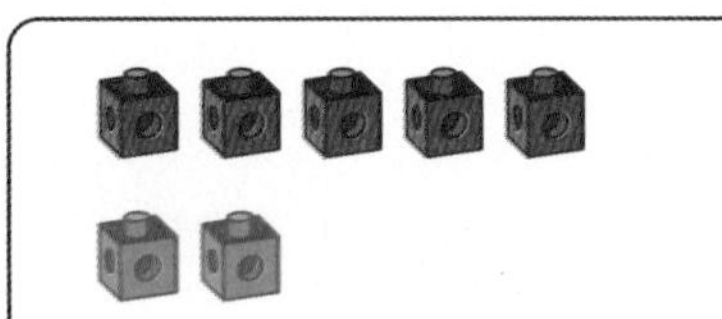

5+2=□

9

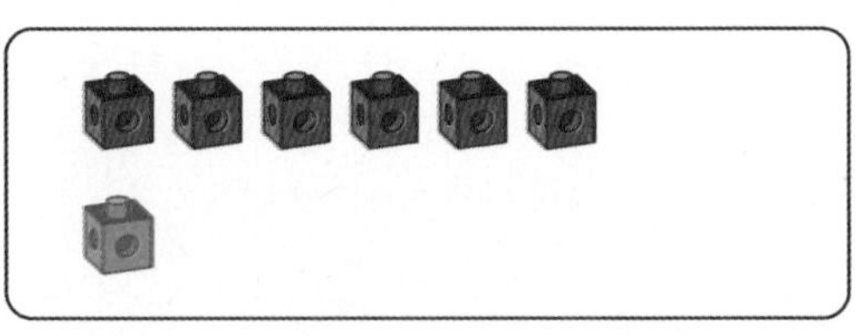

6+1=□

10

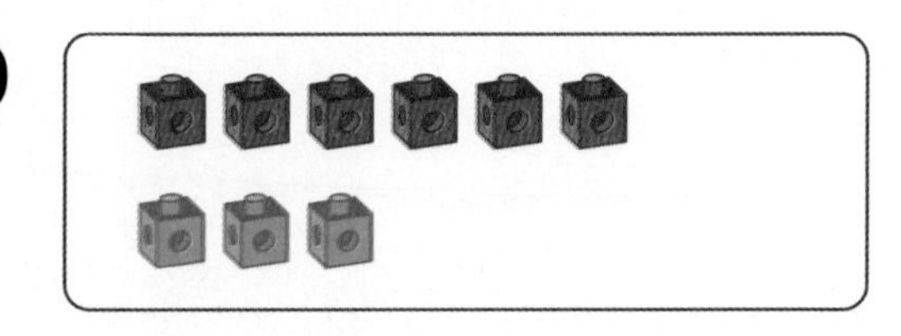

6+3=□

● 덧셈을 해 보세요.

11 $0+2=\square$

12 $1+6=\square$

13 $1+8=\square$

14 $2+1=\square$

15 $2+2=\square$

16 $3+2=\square$

17 $3+5=\square$

18 $4+1=\square$

19 $5+4=\square$

20 $6+0=\square$

21 $7+2=\square$

22 $8+1=\square$

정답 4쪽

숨은 그림 8개를 찾아보세요.

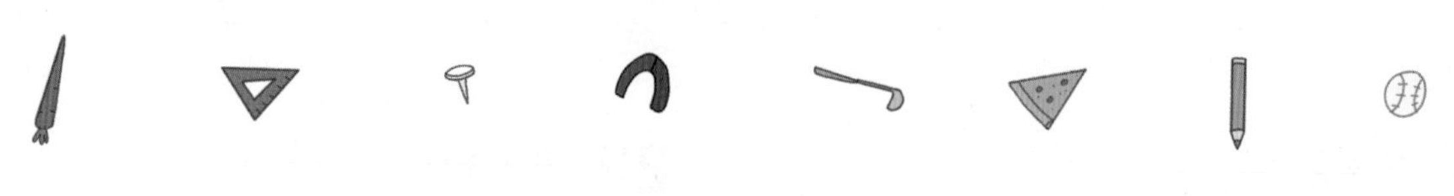

받아올림이 없는 덧셈

DAY 05

(몇십)+(몇), (몇)+(몇십)

이렇게 계산해요

• 20+6의 계산

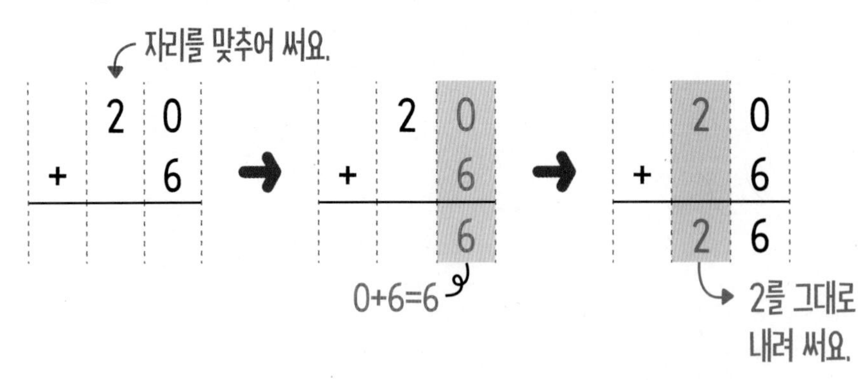

• 6+20의 계산

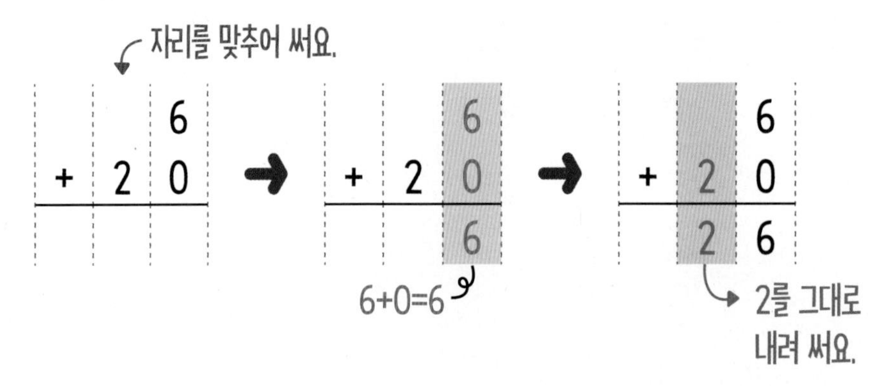

● 계산해 보세요.

1

	1	0
+		4

2

	1	0
+		7

3

	2	0
+		1

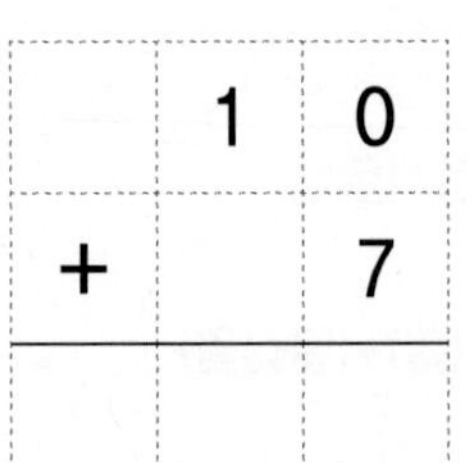

4

	3	0
+		3

5

	4	0
+		2

6

	4	0
+		6

2

7

		1
+	7	0

8

		2
+	6	0

9

		3
+	8	0

10

		4
+	5	0

11

		5
+	2	0

12

		5
+	9	0

13

		6
+	8	0

14

		7
+	6	0

15

		8
+	3	0

16

		8
+	7	0

17

		9
+	5	0

18

		9
+	9	0

19 $\begin{array}{r} 10 \\ +\ \ 3 \\ \hline \end{array}$

20 $\begin{array}{r} 10 \\ +\ \ 6 \\ \hline \end{array}$

21 $\begin{array}{r} 20 \\ +\ \ 2 \\ \hline \end{array}$

22 $\begin{array}{r} 20 \\ +\ \ 7 \\ \hline \end{array}$

23 $\begin{array}{r} 20 \\ +\ \ 8 \\ \hline \end{array}$

24 $\begin{array}{r} 30 \\ +\ \ 5 \\ \hline \end{array}$

25 $\begin{array}{r} 1 \\ +\ 30 \\ \hline \end{array}$

26 $\begin{array}{r} 1 \\ +\ 80 \\ \hline \end{array}$

27 $\begin{array}{r} 2 \\ +\ 70 \\ \hline \end{array}$

28 $\begin{array}{r} 3 \\ +\ 40 \\ \hline \end{array}$

29 $\begin{array}{r} 3 \\ +\ 90 \\ \hline \end{array}$

30 $\begin{array}{r} 4 \\ +\ 30 \\ \hline \end{array}$

31 $30+6=$

32 $40+8=$

33 $50+1=$

34 $50+2=$

35 $60+3=$

36 $70+7=$

37 $80+8=$

38 $90+6=$

39 $4+60=$

40 $4+80=$

41 $5+40=$

42 $6+70=$

43 $7+50=$

44 $8+90=$

45 $9+30=$

46 $9+80=$

DAY 06

(몇십몇)+(몇), (몇)+(몇십몇)

이렇게 계산해요

• 43+5의 계산

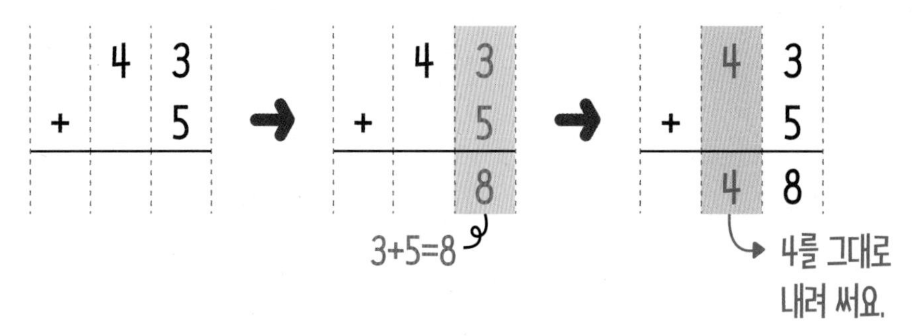

• 5+43의 계산

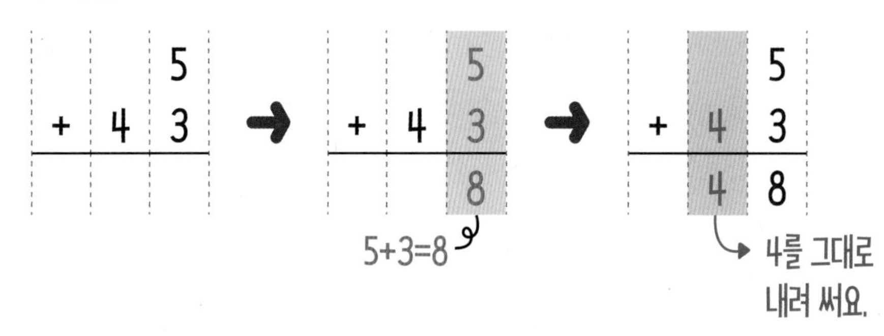

● 계산해 보세요.

1

	1	1
+		7

2

	1	5
+		4

3

	2	2
+		3

4

	3	4
+		2

5

	3	5
+		3

6

	4	8
+		1

7

		1
+	2	7

8

		1
+	8	4

9

		2
+	6	1

10

		3
+	5	5

11

		3
+	8	6

12

		4
+	4	4

13

		4
+	7	2

14

		4
+	9	1

15

		5
+	6	4

16

		5
+	7	4

17

		6
+	5	3

18

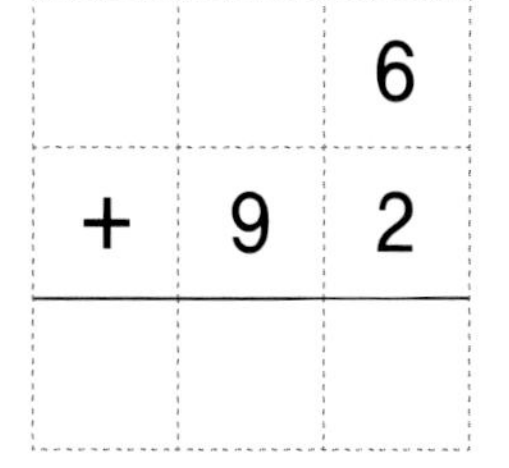

		6
+	9	2

19

$$\begin{array}{r} 12 \\ +\ \ 3 \\ \hline \end{array}$$

20

$$\begin{array}{r} 14 \\ +\ \ 5 \\ \hline \end{array}$$

21

$$\begin{array}{r} 21 \\ +\ \ 8 \\ \hline \end{array}$$

22

$$\begin{array}{r} 25 \\ +\ \ 3 \\ \hline \end{array}$$

23

$$\begin{array}{r} 33 \\ +\ \ 6 \\ \hline \end{array}$$

24

$$\begin{array}{r} 37 \\ +\ \ 2 \\ \hline \end{array}$$

25

$$\begin{array}{r} 1 \\ +\ 17 \\ \hline \end{array}$$

26

$$\begin{array}{r} 1 \\ +\ 54 \\ \hline \end{array}$$

27

$$\begin{array}{r} 1 \\ +\ 71 \\ \hline \end{array}$$

28

$$\begin{array}{r} 2 \\ +\ 36 \\ \hline \end{array}$$

29

$$\begin{array}{r} 2 \\ +\ 65 \\ \hline \end{array}$$

30

$$\begin{array}{r} 2 \\ +\ 94 \\ \hline \end{array}$$

31 $41+7=$

32 $45+4=$

33 $51+5=$

34 $56+2=$

35 $62+7=$

36 $73+1=$

37 $87+2=$

38 $96+1=$

39 $3+13=$

40 $3+65=$

41 $4+63=$

42 $4+82=$

43 $5+93=$

44 $6+62=$

45 $7+21=$

46 $8+71=$

(몇십)+(몇십)

이렇게 계산해요

30+50의 계산

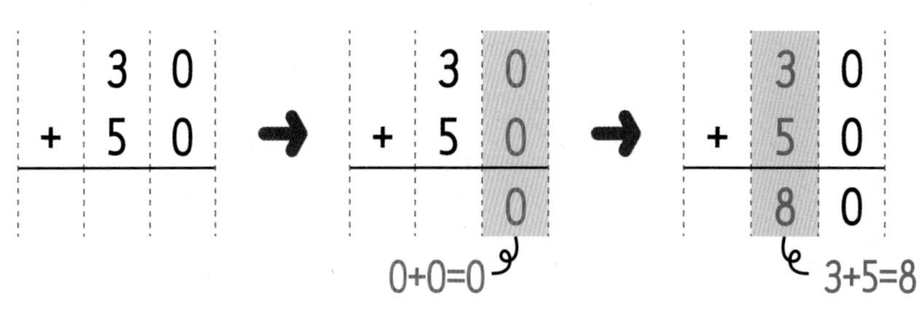

● 계산해 보세요.

1

	1	0
+	2	0

2

	1	0
+	5	0

3

	1	0
+	8	0

4

	2	0
+	3	0

5

	2	0
+	7	0

6

	3	0
+	1	0

7

	3	0
+	4	0

8

	4	0
+	1	0

9

	4	0
+	2	0

10

	5	0
+	2	0

11

	5	0
+	3	0

12

	5	0
+	4	0

13

	6	0
+	1	0

14

	6	0
+	2	0

15

	6	0
+	3	0

16

	7	0
+	1	0

17

	7	0
+	2	0

18

	8	0
+	1	0

19

$$\begin{array}{r} 1\ 0 \\ +\ 1\ 0 \\ \hline \end{array}$$

20

$$\begin{array}{r} 1\ 0 \\ +\ 3\ 0 \\ \hline \end{array}$$

21

$$\begin{array}{r} 1\ 0 \\ +\ 4\ 0 \\ \hline \end{array}$$

22

$$\begin{array}{r} 1\ 0 \\ +\ 6\ 0 \\ \hline \end{array}$$

23

$$\begin{array}{r} 1\ 0 \\ +\ 7\ 0 \\ \hline \end{array}$$

24

$$\begin{array}{r} 2\ 0 \\ +\ 2\ 0 \\ \hline \end{array}$$

25

$$\begin{array}{r} 2\ 0 \\ +\ 4\ 0 \\ \hline \end{array}$$

26

$$\begin{array}{r} 2\ 0 \\ +\ 5\ 0 \\ \hline \end{array}$$

27

$$\begin{array}{r} 2\ 0 \\ +\ 6\ 0 \\ \hline \end{array}$$

28

$$\begin{array}{r} 3\ 0 \\ +\ 2\ 0 \\ \hline \end{array}$$

29 $30+30=$

30 $30+60=$

31 $40+20=$

32 $40+30=$

33 $40+40=$

34 $40+50=$

35 $50+10=$

36 $50+20=$

37 $50+30=$

38 $50+40=$

39 $60+10=$

40 $60+20=$

41 $60+30=$

42 $70+10=$

43 $70+20=$

44 $80+10=$

DAY 08

(몇십몇)+(몇십몇)

이렇게 계산해요

15+12의 계산

	1	5
+	1	2

→

	1	5
+	1	2
		7

5+2=7

→

	1	5
+	1	2
	2	7

1+1=2

● 계산해 보세요.

1

	1	3
+	2	1

2

	1	4
+	5	4

3

	1	7
+	4	2

4

	2	1
+	5	3

5

	2	4
+	6	4

6

	2	6
+	3	1

7

	3	5
+	1	2

8

	3	6
+	2	3

9

	3	8
+	6	1

10

	4	3
+	2	2

11

	4	6
+	3	2

12

	5	1
+	1	8

13

	5	2
+	2	3

14

	5	7
+	4	2

15

	6	4
+	1	1

16

	6	7
+	3	2

17

	7	3
+	1	4

18

	7	6
+	2	2

19

	8	1
+	1	3

20

	8	5
+	1	1

21

$$\begin{array}{r} 1\ 1 \\ +\ 2\ 7 \\ \hline \end{array}$$

22

$$\begin{array}{r} 1\ 3 \\ +\ 4\ 2 \\ \hline \end{array}$$

23

$$\begin{array}{r} 1\ 5 \\ +\ 3\ 4 \\ \hline \end{array}$$

24

$$\begin{array}{r} 1\ 7 \\ +\ 7\ 1 \\ \hline \end{array}$$

25

$$\begin{array}{r} 2\ 2 \\ +\ 3\ 3 \\ \hline \end{array}$$

26

$$\begin{array}{r} 2\ 5 \\ +\ 4\ 2 \\ \hline \end{array}$$

27

$$\begin{array}{r} 2\ 6 \\ +\ 6\ 3 \\ \hline \end{array}$$

28

$$\begin{array}{r} 2\ 7 \\ +\ 5\ 2 \\ \hline \end{array}$$

29

$$\begin{array}{r} 3\ 1 \\ +\ 1\ 4 \\ \hline \end{array}$$

30

$$\begin{array}{r} 3\ 4 \\ +\ 3\ 5 \\ \hline \end{array}$$

31

$$\begin{array}{r} 3\ 6 \\ +\ 2\ 1 \\ \hline \end{array}$$

32

$$\begin{array}{r} 3\ 8 \\ +\ 5\ 1 \\ \hline \end{array}$$

33 $42+16=$

34 $44+22=$

35 $46+31=$

36 $47+52=$

37 $52+17=$

38 $53+42=$

39 $57+31=$

40 $63+21=$

41 $66+33=$

42 $67+11=$

43 $71+24=$

44 $74+13=$

45 $75+22=$

46 $82+11=$

47 $83+16=$

48 $86+12=$

● 계산해 보세요.

1
$$\begin{array}{r} 1 \\ +\ 60 \\ \hline \end{array}$$

2
$$\begin{array}{r} 2 \\ +\ 66 \\ \hline \end{array}$$

3
$$\begin{array}{r} 3 \\ +\ 20 \\ \hline \end{array}$$

4
$$\begin{array}{r} 4 \\ +\ 35 \\ \hline \end{array}$$

5
$$\begin{array}{r} 10 \\ +\ 5 \\ \hline \end{array}$$

6
$$\begin{array}{r} 10 \\ +\ 40 \\ \hline \end{array}$$

7
$$\begin{array}{r} 17 \\ +\ 31 \\ \hline \end{array}$$

8
$$\begin{array}{r} 20 \\ +\ 60 \\ \hline \end{array}$$

9
$$\begin{array}{r} 24 \\ +\ 3 \\ \hline \end{array}$$

10
$$\begin{array}{r} 30 \\ +\ 2 \\ \hline \end{array}$$

11 $30+60=$

12 $40+4=$

13 $42+12=$

14 $46+2=$

15 $50+20=$

16 $53+6=$

17 $63+25=$

18 $65+33=$

19 $70+10=$

20 $74+14=$

21 $80+10=$

22 $82+16=$

23 $90+7=$

24 $95+3=$

숨은그림 찾기

숨은 그림 8개를 찾아보세요.

여러 가지 덧셈

DAY
10 세 수의 덧셈

이렇게 계산해요

1+3+2의 계산

방법 1 옆으로 계산하기

1+3+2=6

4

앞의 두 수를 먼저 더해요.

6

더해서 나온 수에 나머지 한 수를 더해요.

방법 2 식을 2개로 나누어 계산하기

$$\begin{array}{r} 1 \\ +\ 3 \\ \hline 4 \end{array} \quad \rightarrow \quad \begin{array}{r} 4 \\ +\ 2 \\ \hline 6 \end{array}$$

● 계산해 보세요.

1 1+1+2=□

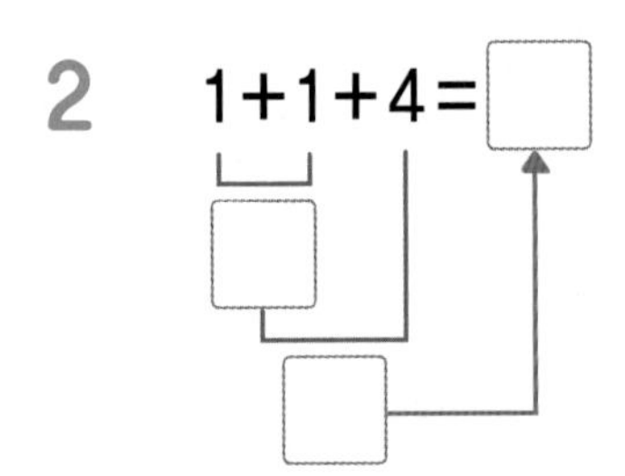

2 1+1+4=□

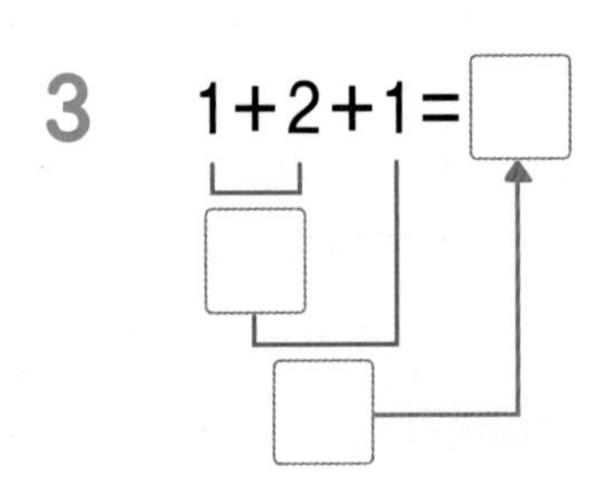

3 1+2+1=□

4 1+2+2=□

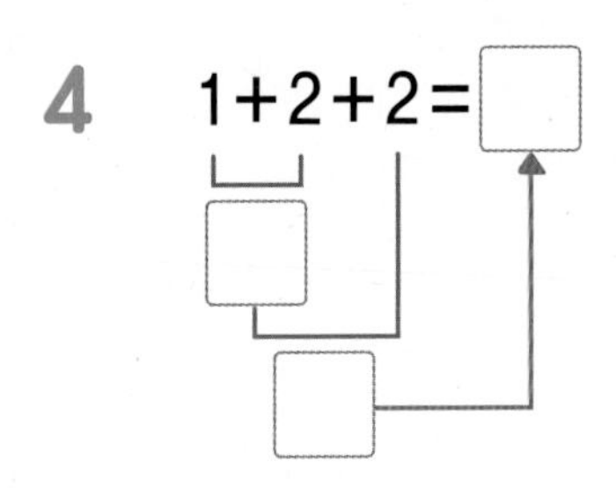

5 1+2+4=□

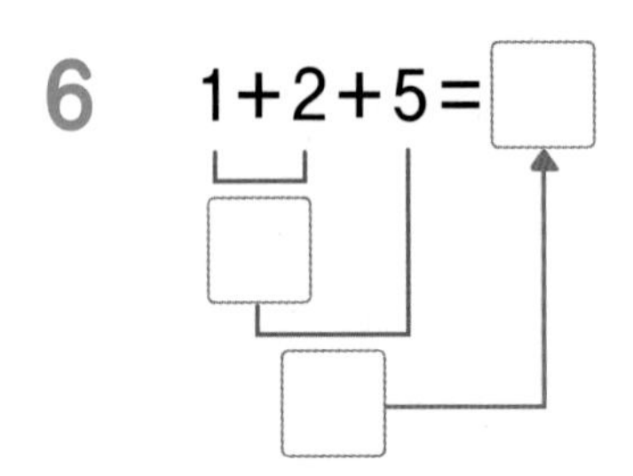

6 1+2+5=□

7 1+3+1=□

8 1+3+3=□

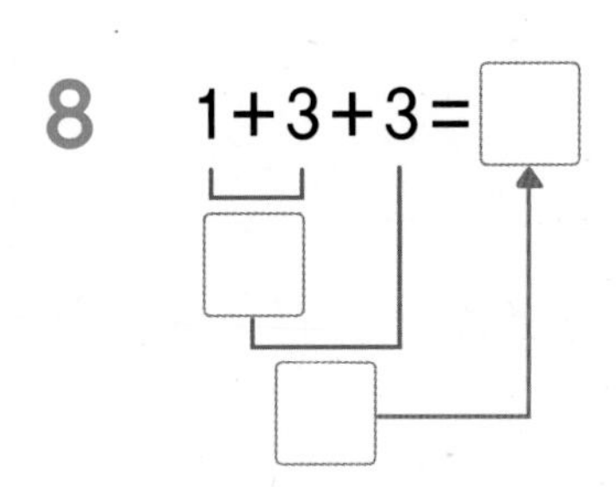

9

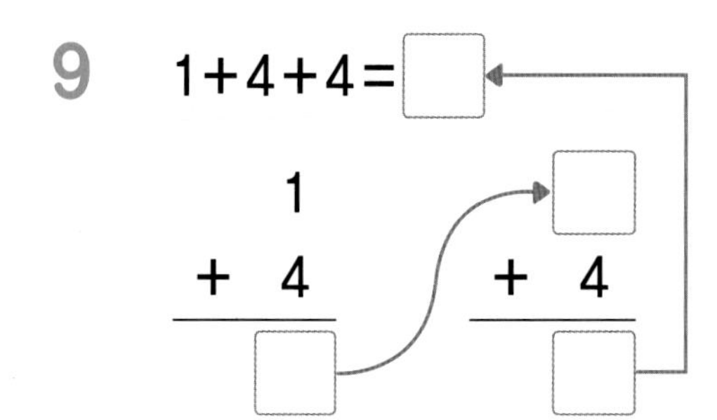

10

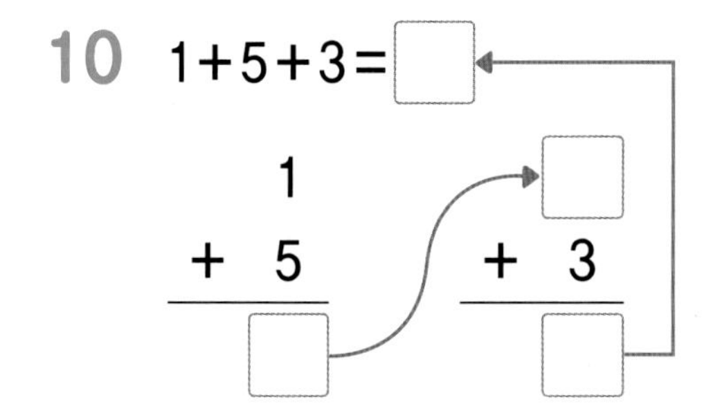

11 1+6+1=

1 + 6, + 1

12 1+6+2=

1 + 6, + 2

13 1+7+1=

1 + 7, + 1

14 2+2+3=

2 + 2, + 3

15 2+2+5=

2 + 2, + 5

16 2+3+3=

2 + 3, + 3

17 2+3+4=

2 + 3, + 4

18 2+4+2=

2 + 4, + 2

19 1+1+1=

20 1+1+5=

21 1+2+1=

22 1+2+2=

23 1+3+1=

24 2+1+6=

25 2+2+2=

26 2+3+2=

27 2+4+1=

28 2+5+2=

29 3+1+2=

30 3+1+4=

31 3+2+2=

32 3+2+3=

33 3+3+1=

34 3+3+3=

정답 10쪽

3

35 $3+5+1=$

36 $4+1+1=$

37 $4+1+2=$

38 $4+1+3=$

39 $4+1+4=$

40 $4+2+2=$

41 $4+3+2=$

42 $4+4+1=$

43 $5+1+1=$

44 $5+1+3=$

45 $5+2+1=$

46 $5+2+2=$

47 $5+3+1=$

48 $6+1+1=$

49 $6+1+2=$

50 $7+1+1=$

DAY 11

두 수 더하기

: 이어 세는 경우

이렇게 계산해요

9+3의 계산

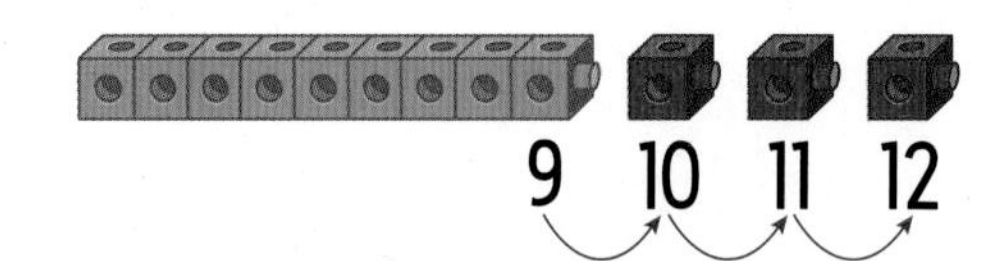

➜ 9+3=12

● 그림을 보고 □ 안에 알맞은 수를 써넣으세요.

1

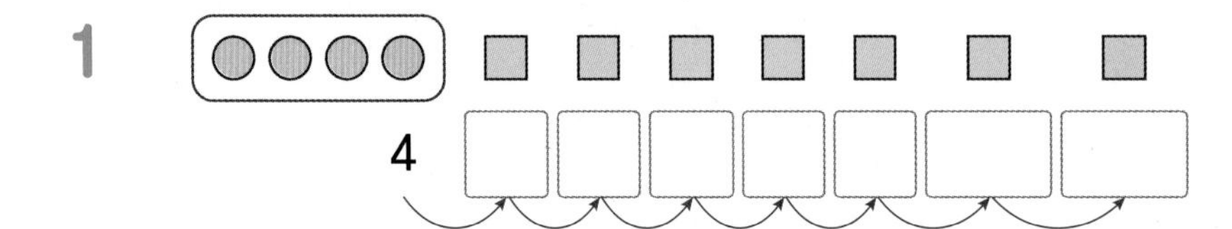

4+7=□

2

5

5+6=□

3

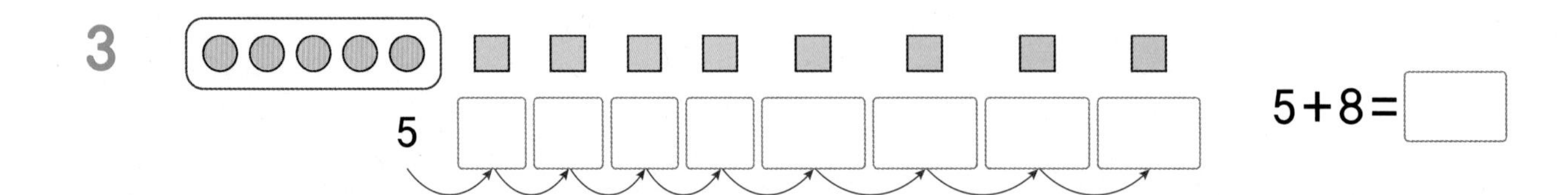

5+8=□

4

6

6+6=□

5

6

6+7=□

6
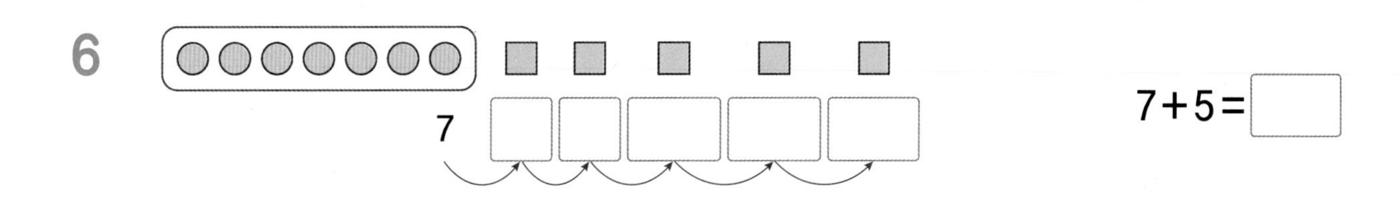

7+5=□

7
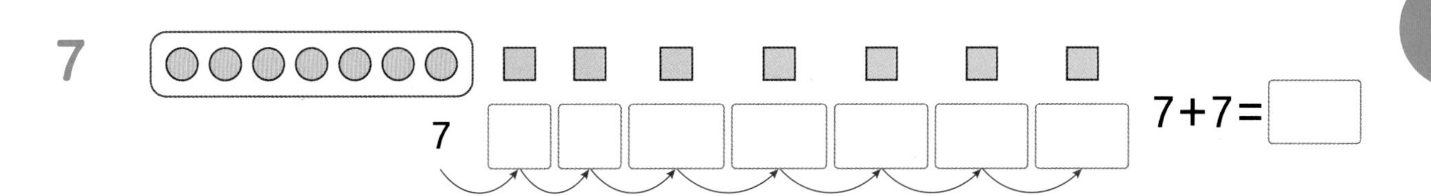

7+7=□

8
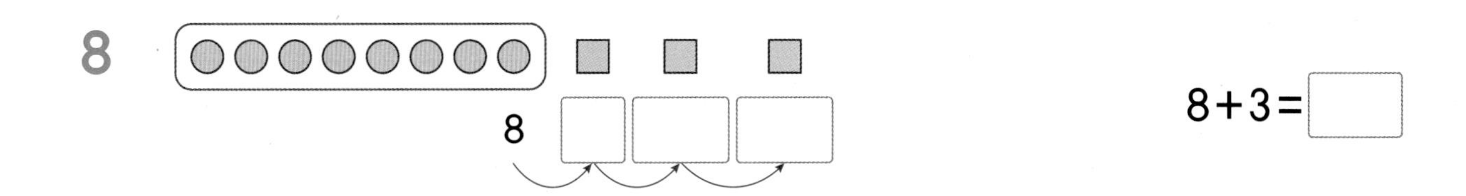

8+3=□

9
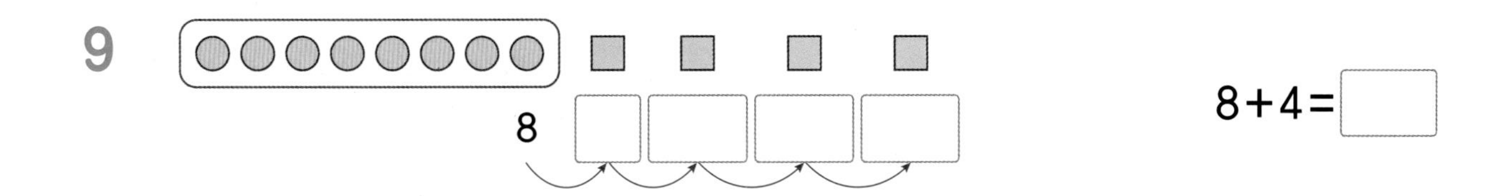

8+4=□

10
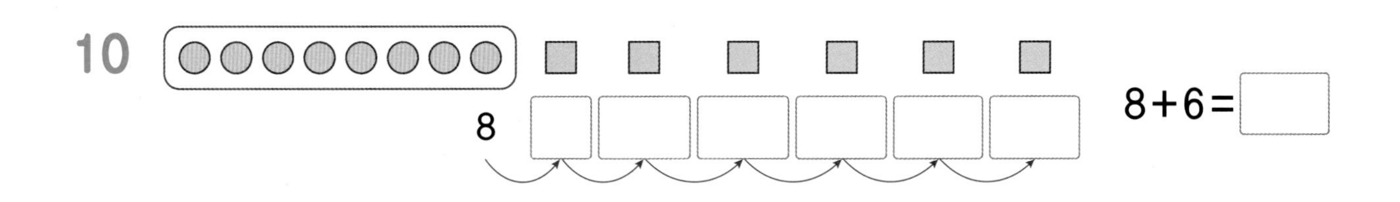

8+6=□

11
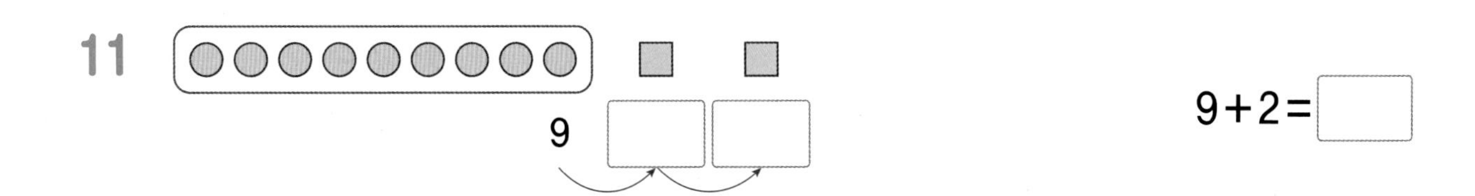

9+2=□

12

9

9+5=□

● 두 수를 더해 보세요.

13

2+9=

14

3+8=

15

4+7=

16

4+9=

17

5+7=

18

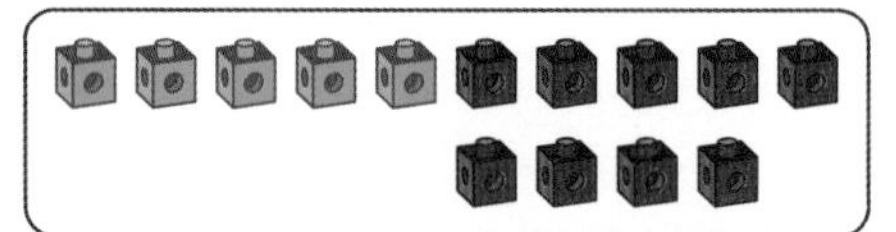

5+9=

19

6+6=

20

7+6=

21

8+7=

22

9+9=

정답 11쪽

23 $3+9=$

24 $4+8=$

25 $5+6=$

26 $5+8=$

27 $6+7=$

28 $6+8=$

29 $7+7=$

30 $7+9=$

31 $8+3=$

32 $8+8=$

33 $8+9=$

34 $9+4=$

35 $9+6=$

36 $9+9=$

DAY 12

두 수 더하기

: 두 수를 바꾸어 더하는 경우

이렇게 계산해요

4+7과 7+4의 계산 결과 비교하기

4+7=11

7+4=11

두 수를 바꾸어 더해도 합이 같아요.

● 두 수를 바꾸어 더해 보세요.

1

3+8=☐

8+3=☐

2

3+9=☐

9+3=☐

3

4+8=☐

8+4=☐

4

4+9=☐

9+4=☐

5

5+6=☐

6+5=☐

6

5+8=☐

8+5=☐

7

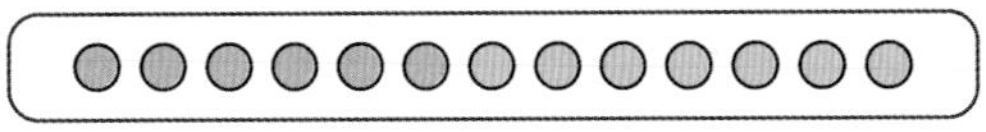

$6+7=\square$

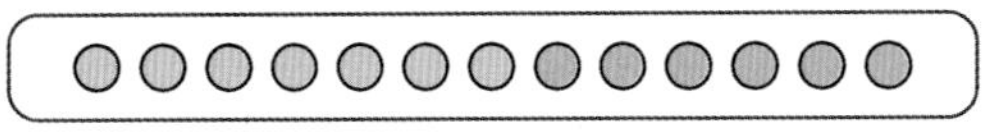

$7+6=\square$

8

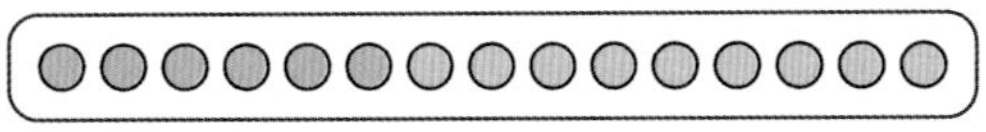

$6+9=\square$

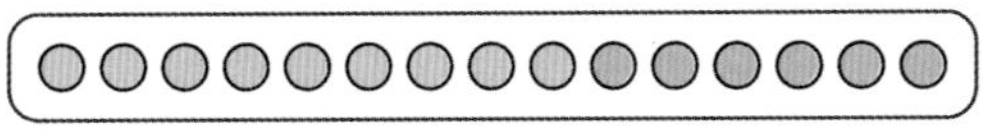

$9+6=\square$

9

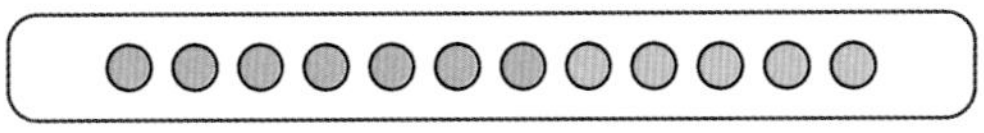

$7+5=\square$

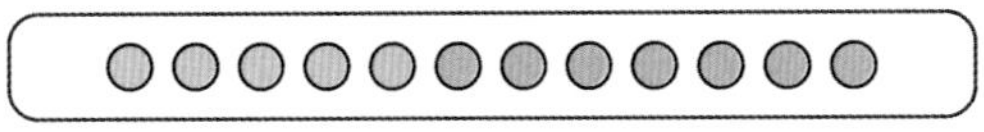

$5+7=\square$

10

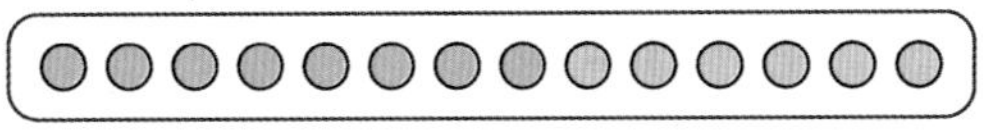

$8+6=\square$

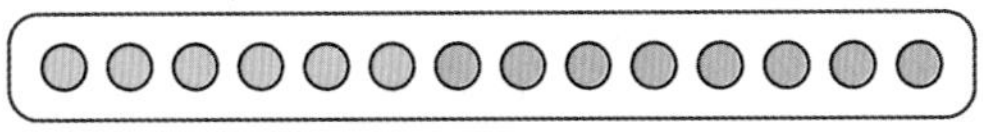

$6+8=\square$

11

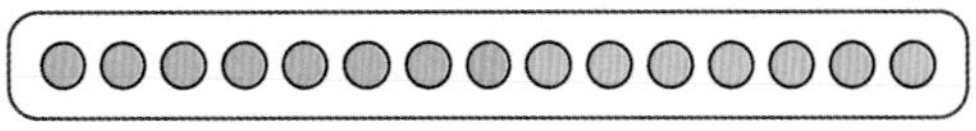

$8+7=\square$

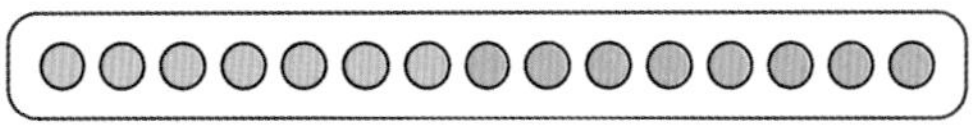

$7+8=\square$

12

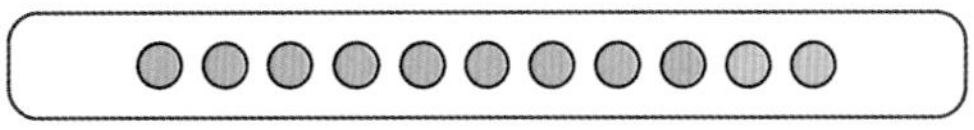

$9+2=\square$

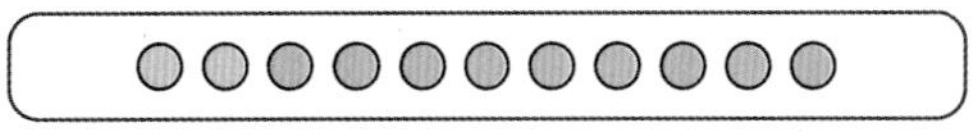

$2+9=\square$

13

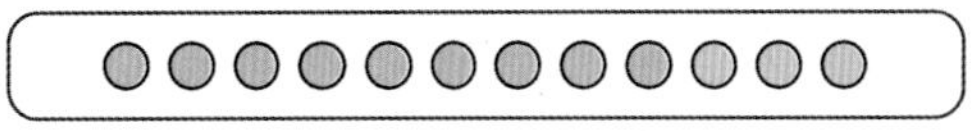

$9+3=\square$

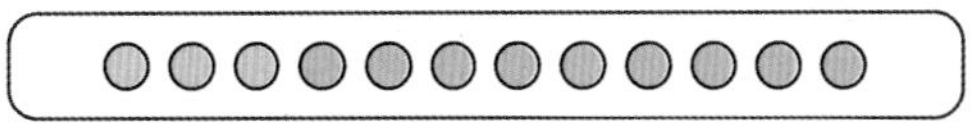

$3+9=\square$

14

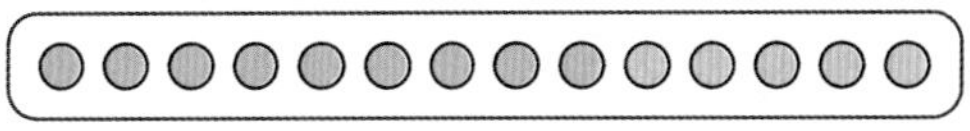

$9+5=\square$

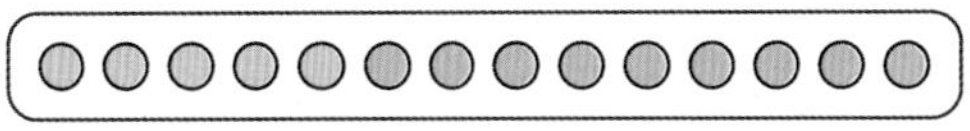

$5+9=\square$

● □ 안에 알맞은 수를 써넣으세요.

15 $2+9=9+\square$

16 $3+8=\square+3$

17 $\square+7=7+4$

18 $4+\square=8+4$

19 $4+9=\square+4$

20 $5+6=6+\square$

21 $5+\square=7+5$

22 $\square+9=9+5$

23 $6+7=7+\square$

24 $6+8=\square+6$

25 $7+\square=9+7$

26 $\square+7=7+8$

27 $9+3=3+\square$

28 $9+8=\square+9$

● 두 수를 바꾸어 더해 보세요.

29
- $3+9=\square$
- $9+3=\square$

30
- $4+8=\square$
- $8+4=\square$

31
- $5+6=\square$
- $6+5=\square$

32
- $6+7=\square$
- $7+6=\square$

33
- $6+9=\square$
- $9+6=\square$

34
- $7+4=\square$
- $4+7=\square$

35
- $7+8=\square$
- $8+7=\square$

36
- $8+3=\square$
- $3+8=\square$

37
- $8+5=\square$
- $5+8=\square$

38
- $8+6=\square$
- $6+8=\square$

39
- $9+2=\square$
- $2+9=\square$

40
- $9+7=\square$
- $7+9=\square$

DAY 13

두 수 더하기

: 10이 되는 경우

이렇게 계산해요

1+9=10
2+8=10
3+7=10
4+6=10
5+5=10
6+4=10
7+3=10
8+2=10
9+1=10

● 그림을 보고 □ 안에 알맞은 수를 써넣으세요.

1

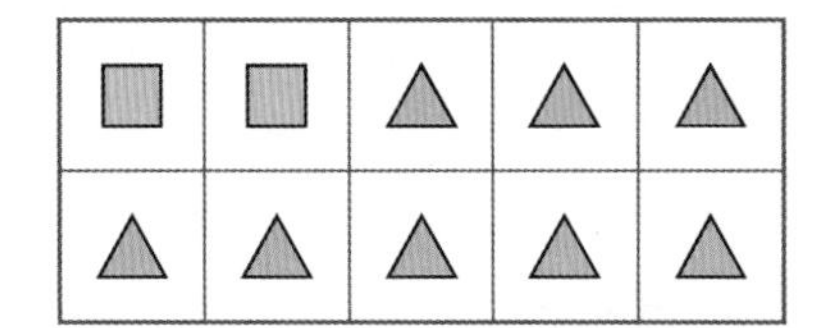

2+8=□

4

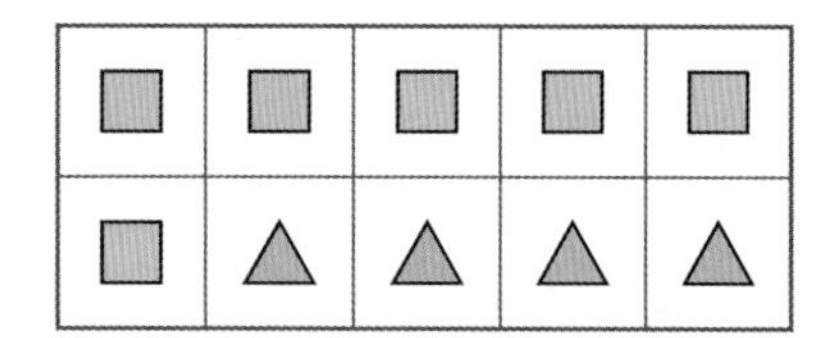

6+4=□

2

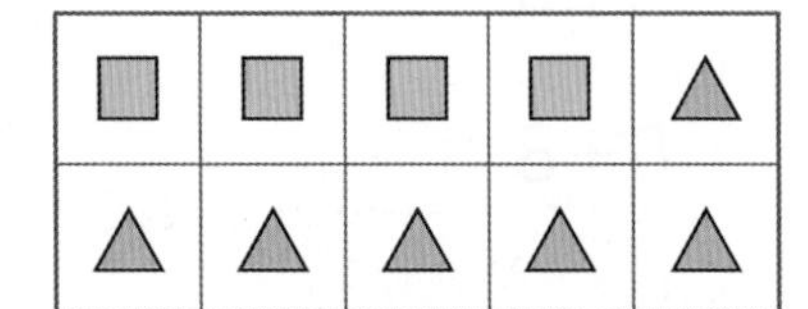

4+6=□

5

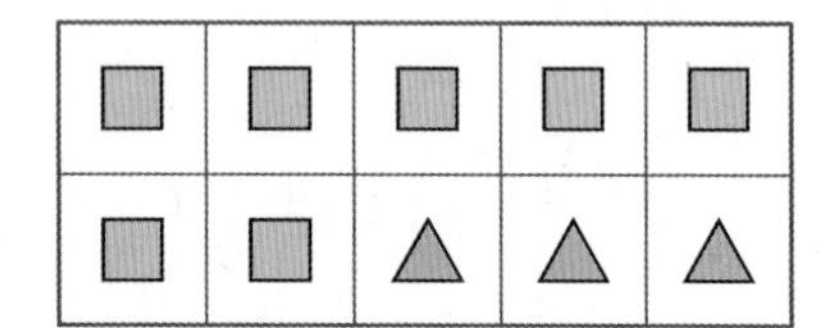

7+3=□

3

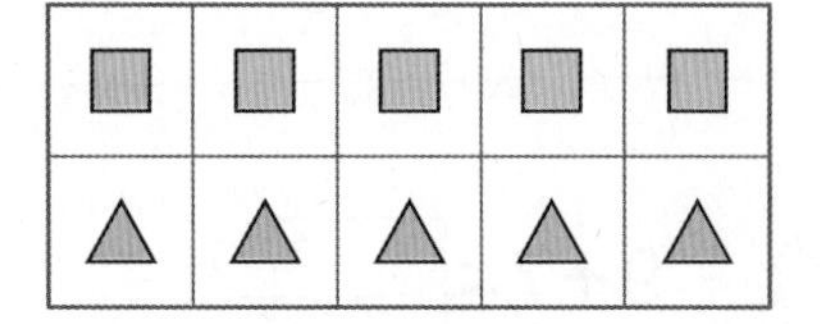

5+5=□

6

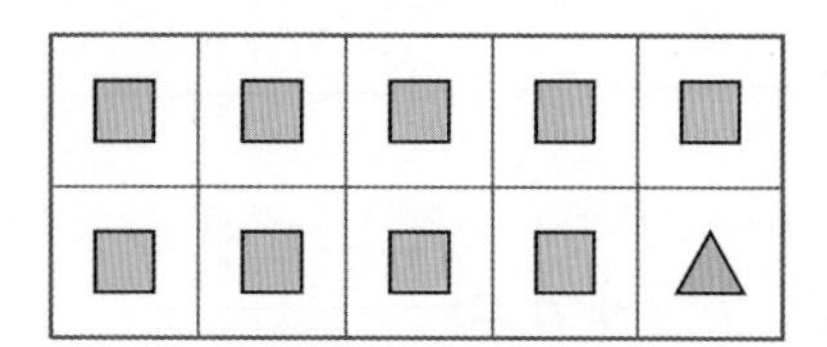

9+1=□

7

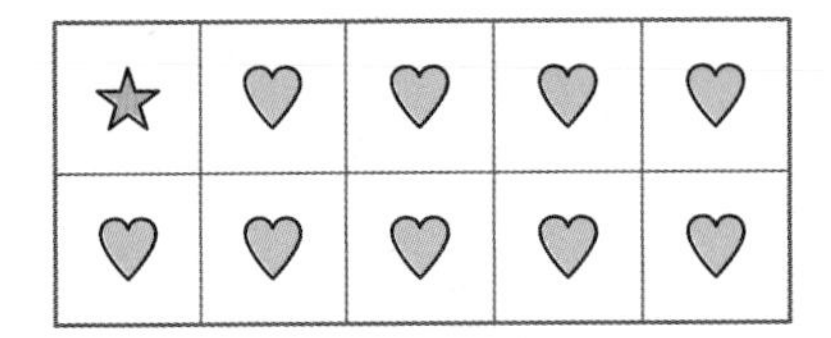

☐ + ☐ = 10

8

☆	☆	♡	♡	♡
♡	♡	♡	♡	♡

☐ + ☐ = 10

9

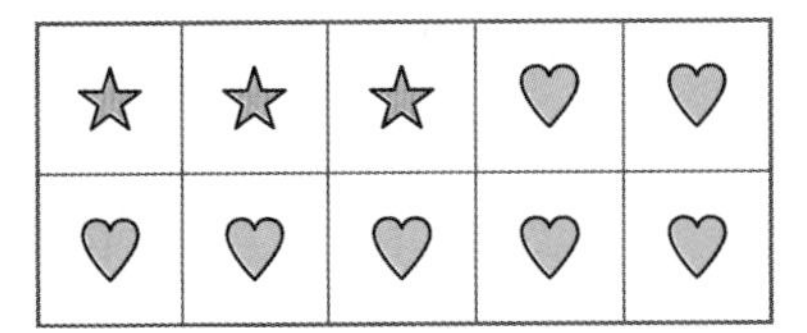

☐ + ☐ = 10

10

☆	☆	☆	☆	♡
♡	♡	♡	♡	♡

☐ + ☐ = 10

11

☆	☆	☆	☆	☆
♡	♡	♡	♡	♡

☐ + ☐ = 10

12

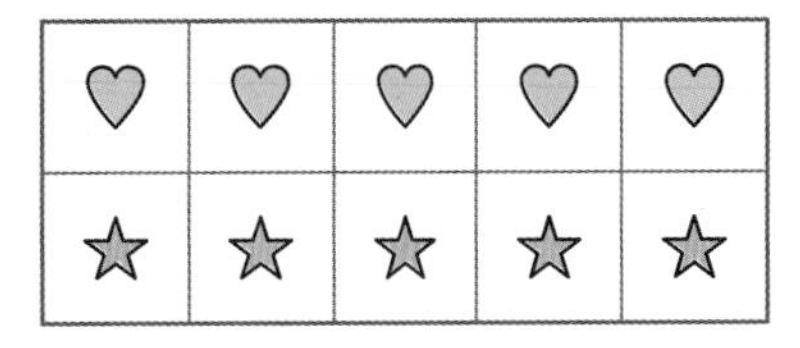

☐ + ☐ = 10

13

☐ + ☐ = 10

14

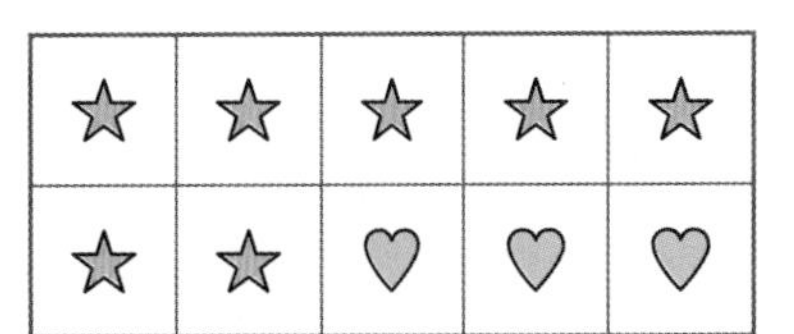

☐ + ☐ = 10

15

☆	☆	☆	☆	☆
☆	☆	☆	♡	♡

☐ + ☐ = 10

16

☆	☆	☆	☆	☆
☆	☆	☆	☆	♡

☐ + ☐ = 10

17

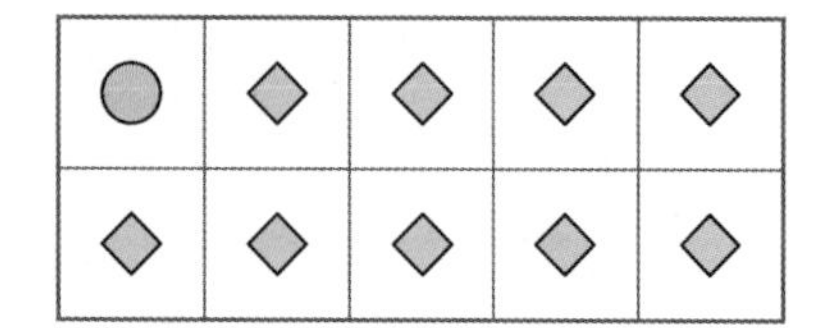

$\square + 9 = 10$

18

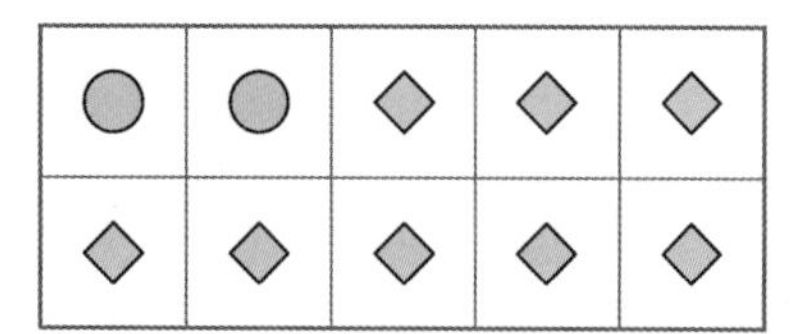

$\square + 8 = 10$

19

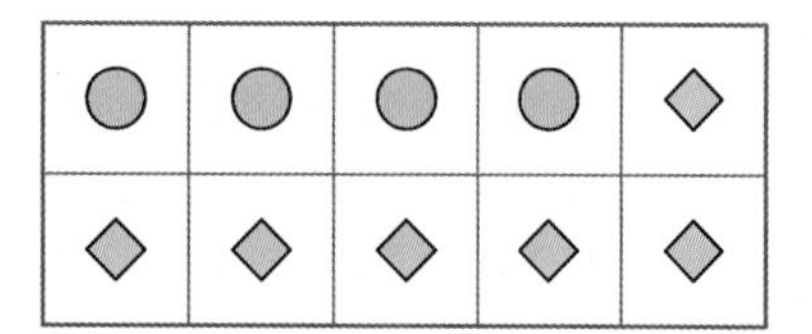

$\square + 6 = 10$

20

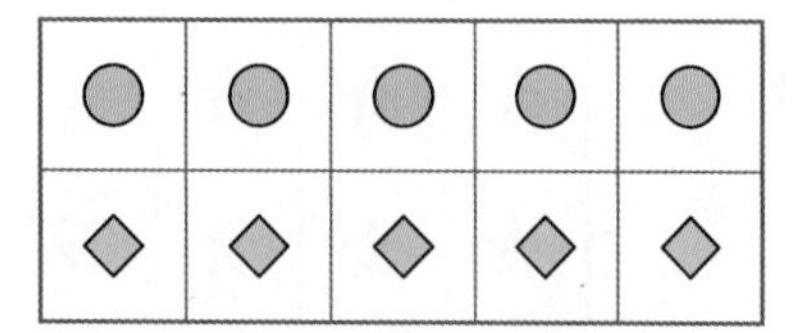

$\square + 5 = 10$

21

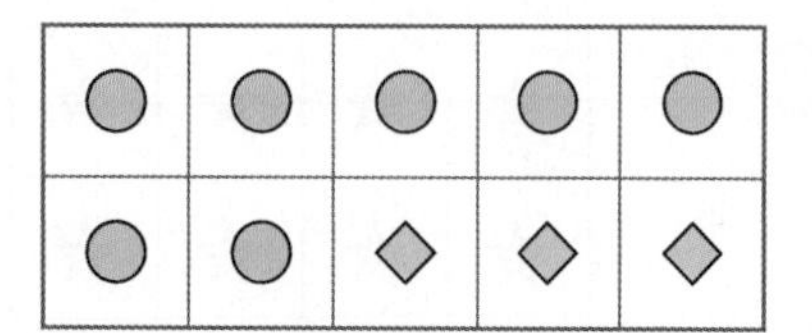

$\square + 3 = 10$

22

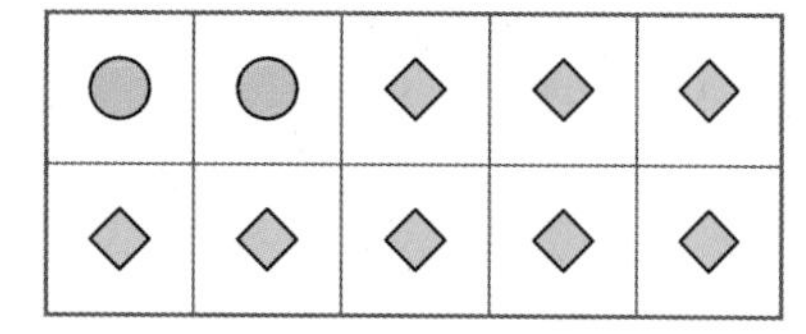

$2 + \square = 10$

23

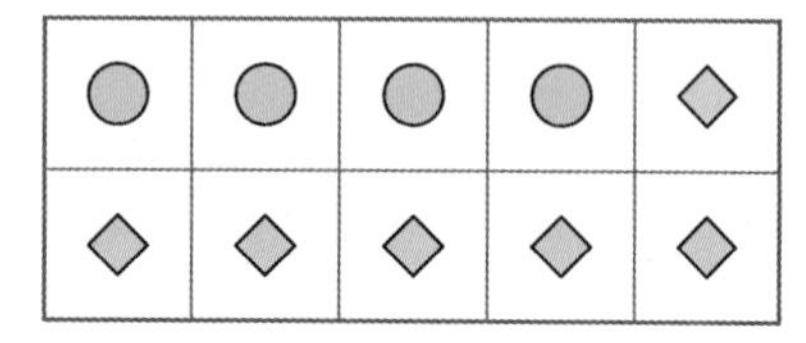

$4 + \square = 10$

24

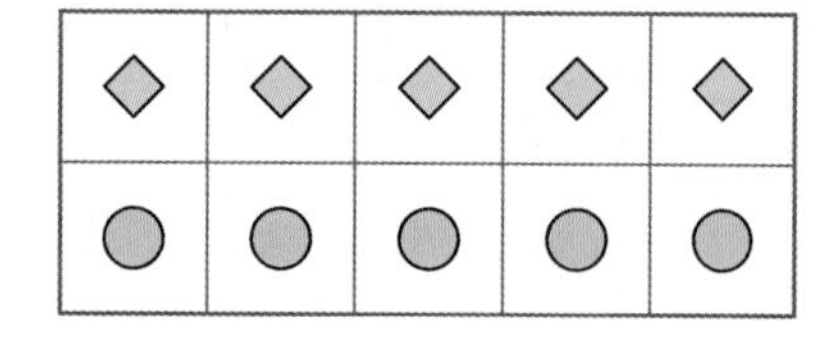

$5 + \square = 10$

25

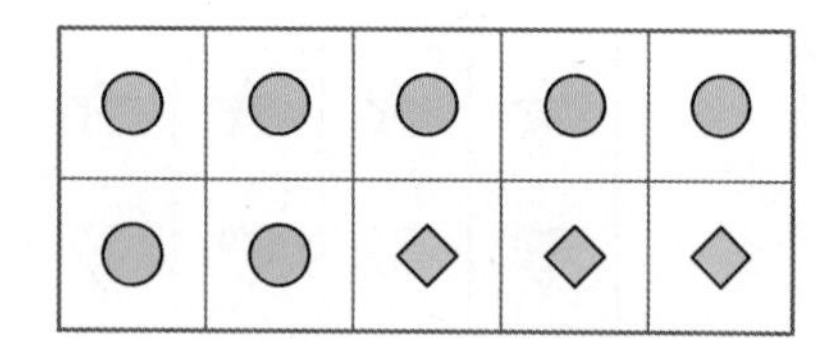

$7 + \square = 10$

26

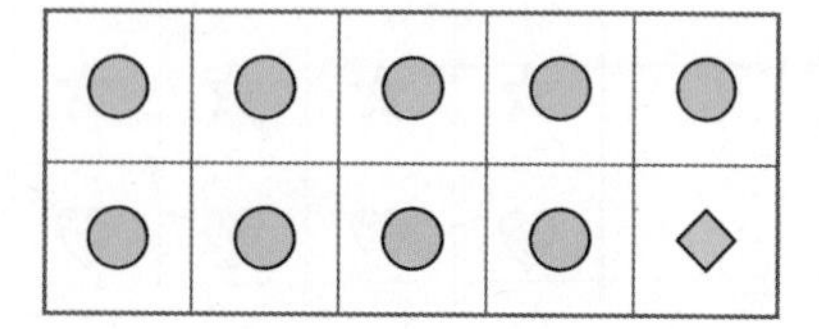

$9 + \square = 10$

정답 13쪽

● □ 안에 알맞은 수를 써넣으세요.

27 $1+9=\square$

28 $3+7=\square$

29 $4+6=\square$

30 $5+5=\square$

31 $6+4=\square$

32 $7+3=\square$

33 $8+2=\square$

34 $1+\square=10$

35 $2+\square=10$

36 $4+\square=10$

37 $\square+5=10$

38 $\square+7=10$

39 $8+\square=10$

40 $\square+9=10$

DAY 14

10을 만들어 세 수 더하기

이렇게 계산해요

4+6+3의 계산

앞의 두 수로 10을 만들어요.

4+6+3=13

10

13

1+2+8의 계산

뒤의 두 수로 10을 만들어요.

1+2+8=11

10

11

5+7+5의 계산

합이 10이 되는 두 수를 찾아 더해요.

5+7+5=17

10

17

● 계산해 보세요.

1 1+9+5=

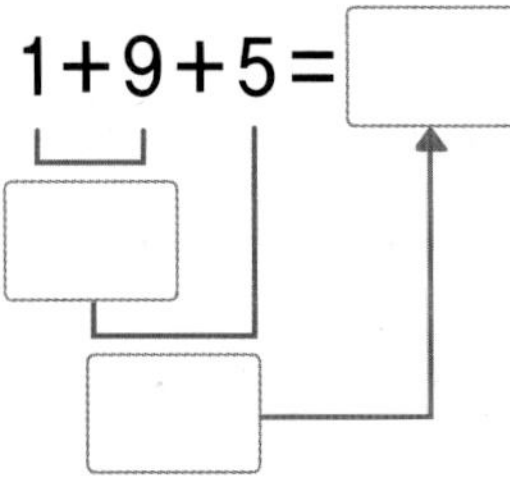

2 3+7+2=

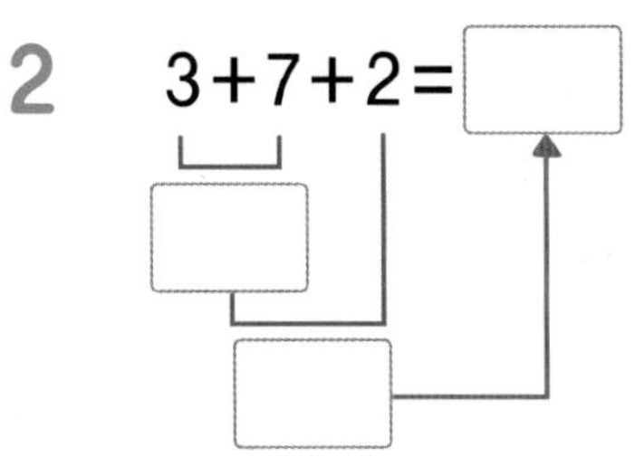

3 4+6+1=

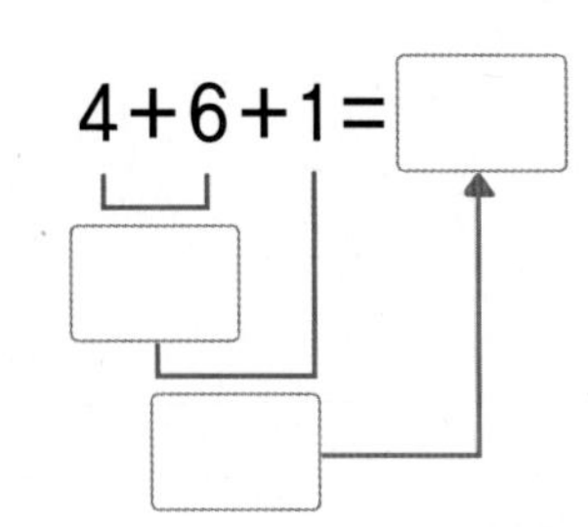

4 5+5+6=

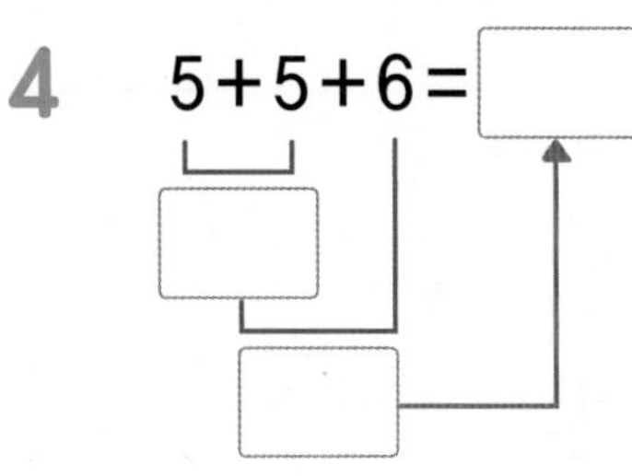

5 6+4+8=

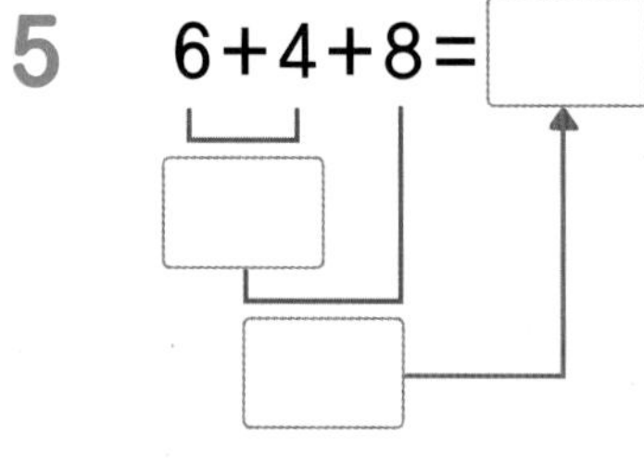

6 7+3+5=

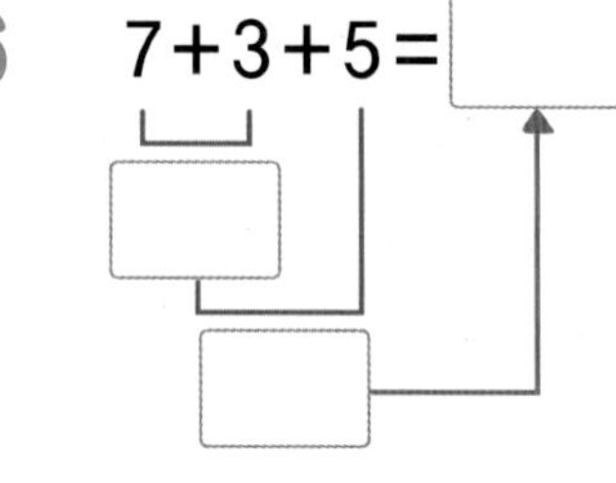

7 8+2+9=

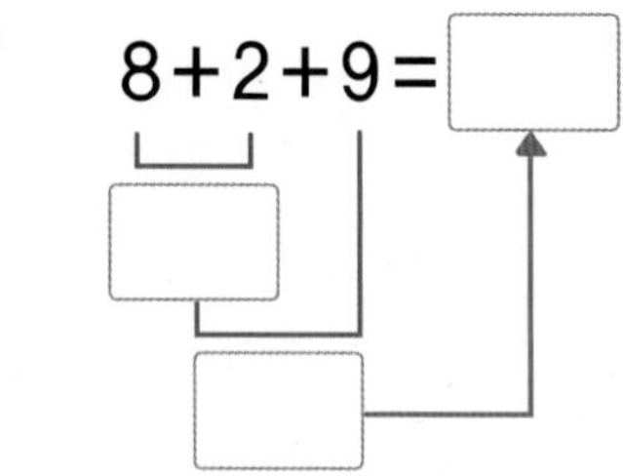

8 9+1+6=

9 $1+7+3=\square$

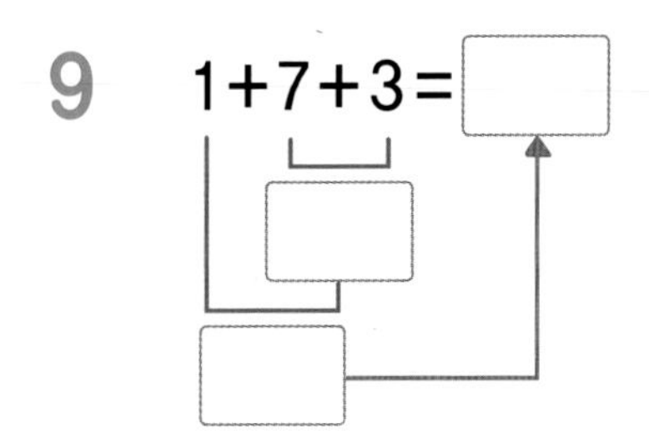

10 $2+6+4=\square$

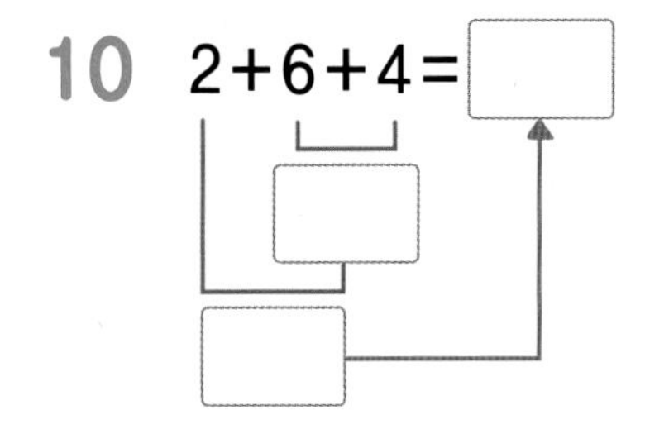

11 $4+5+5=\square$

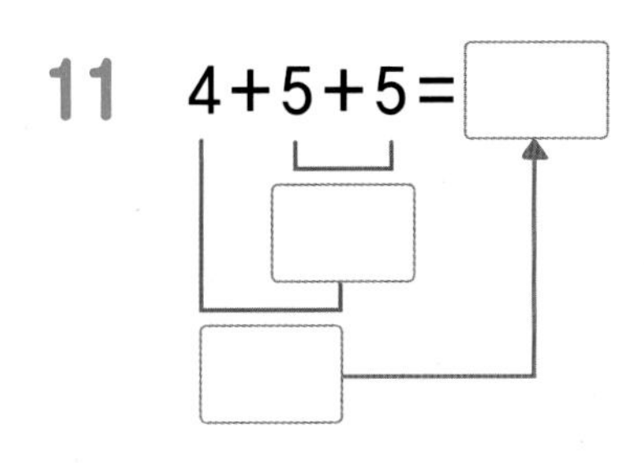

12 $6+2+8=\square$

13 $7+9+1=\square$

14 $2+3+8=\square$

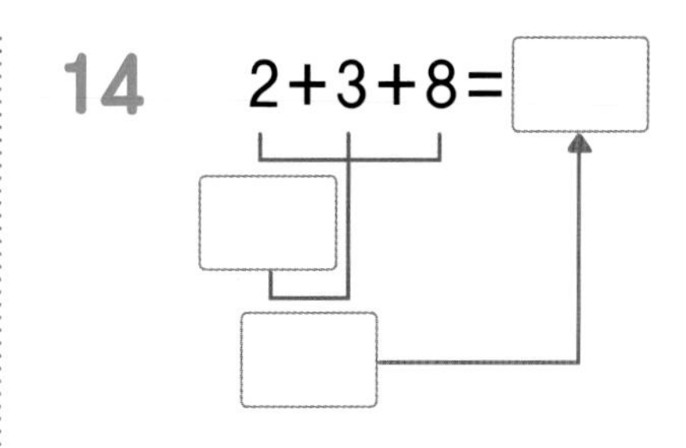

15 $3+4+7=\square$

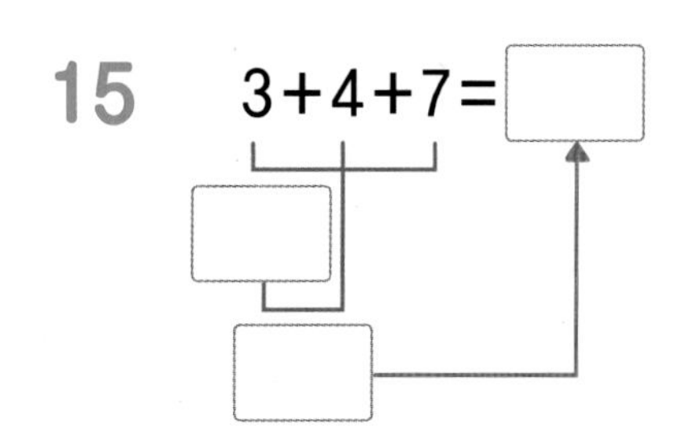

16 $5+1+5=\square$

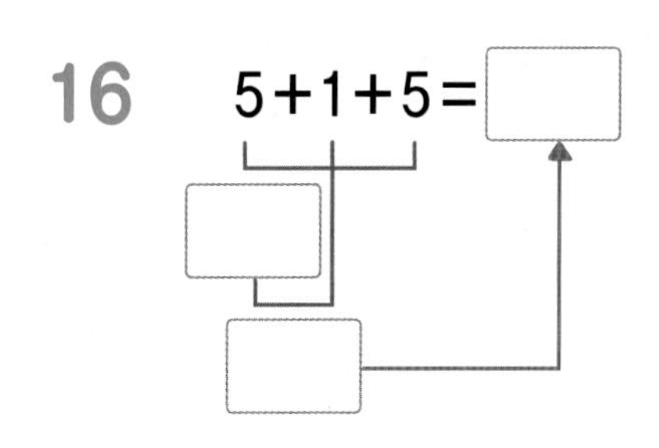

17 $6+9+4=\square$

18 $8+5+2=\square$

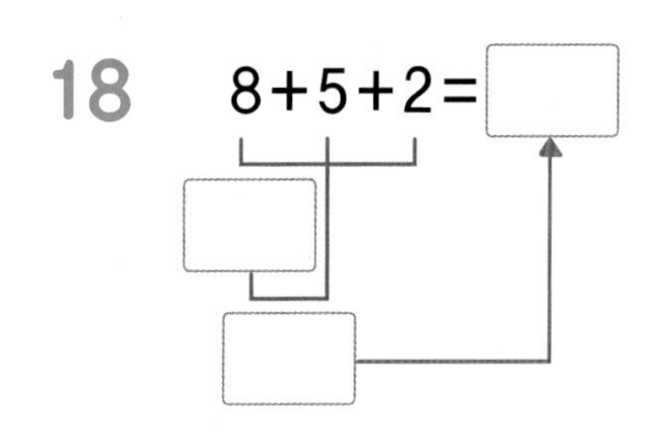

19 $1+9+2=$

20 $2+8+4=$

21 $2+8+7=$

22 $3+7+9=$

23 $4+6+5=$

24 $4+6+9=$

25 $5+5+2=$

26 $5+5+7=$

27 $6+4+4=$

28 $7+3+8=$

29 $8+2+8=$

30 $9+1+4=$

31 $1+9+1=$

32 $2+2+8=$

33 $3+5+5=$

34 $3+8+2=$

35 $5+3+7=$

36 $6+1+9=$

37 $6+7+3=$

38 $7+4+6=$

39 $8+6+4=$

40 $8+9+1=$

41 $9+5+5=$

42 $1+3+9=$

43 $2+5+8=$

44 $4+2+6=$

45 $5+8+5=$

46 $7+1+3=$

47 $7+4+3=$

48 $8+7+2=$

49 $9+2+1=$

50 $9+8+1=$

DAY 15

10을 이용하여 모으기

이렇게 계산해요

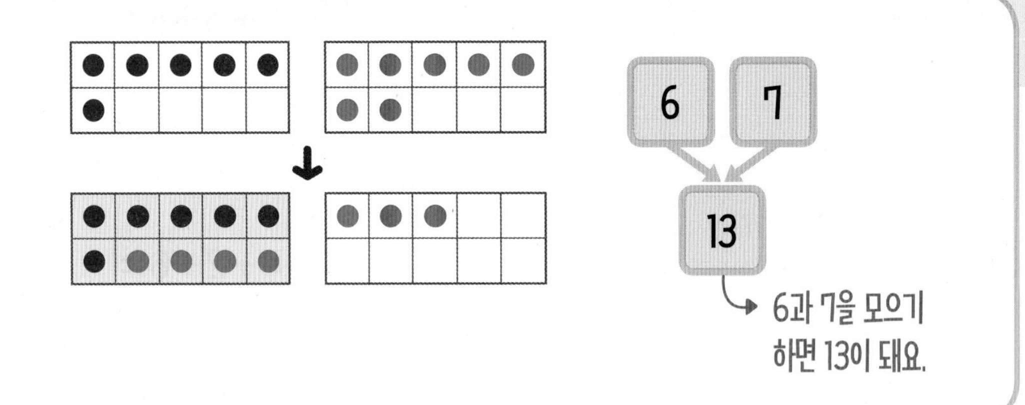

● 10을 이용하여 모으기를 해 보세요.

1

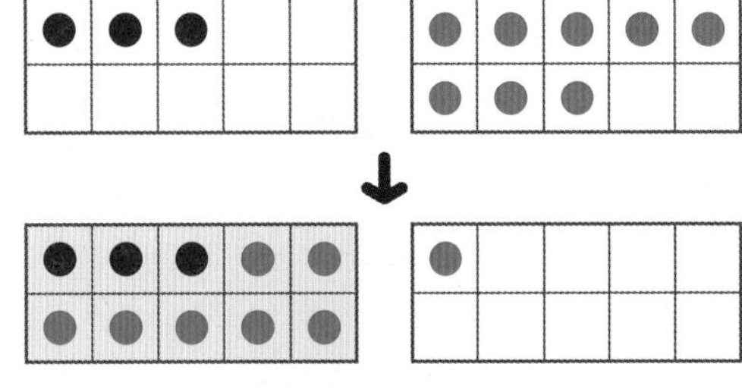

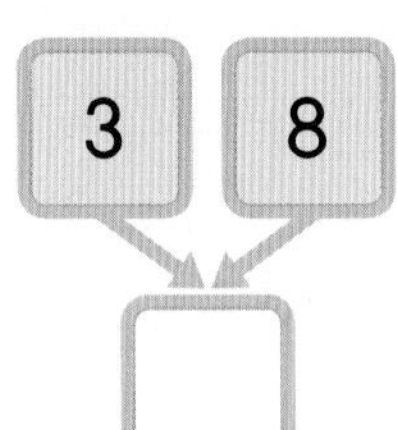

2

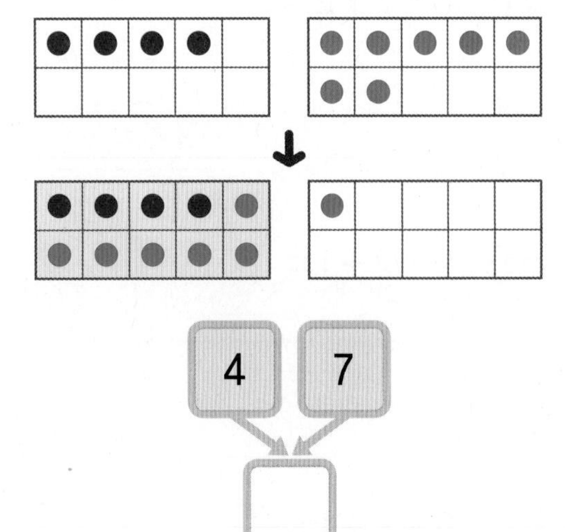

3

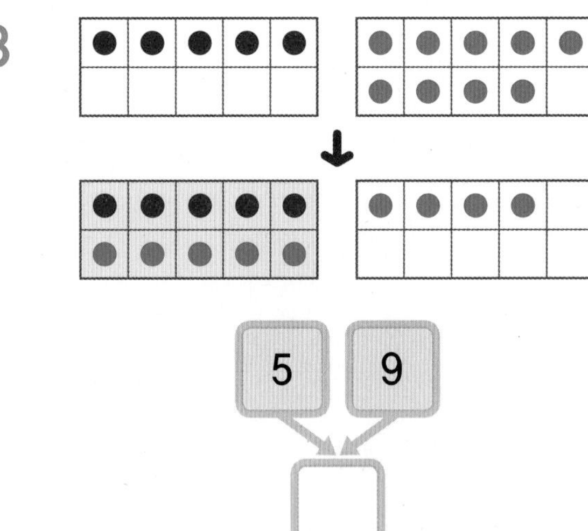

4

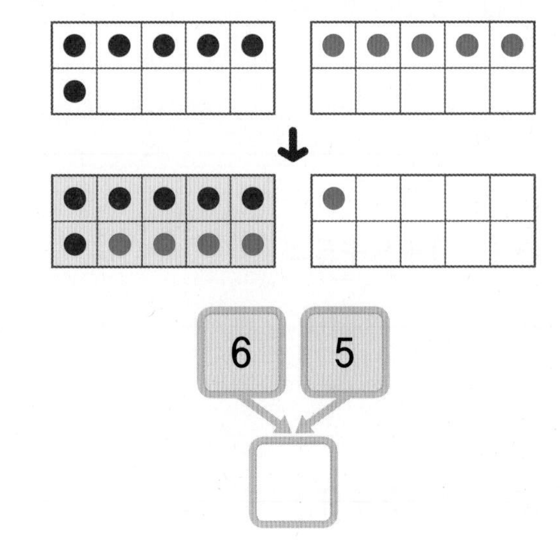

5

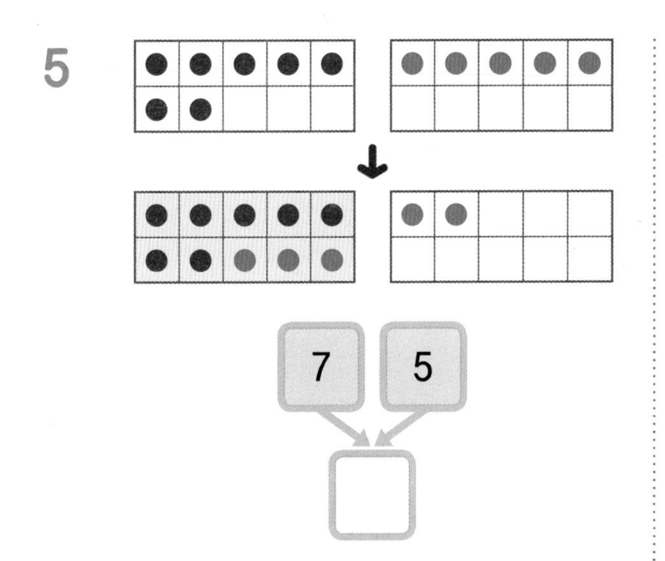

6

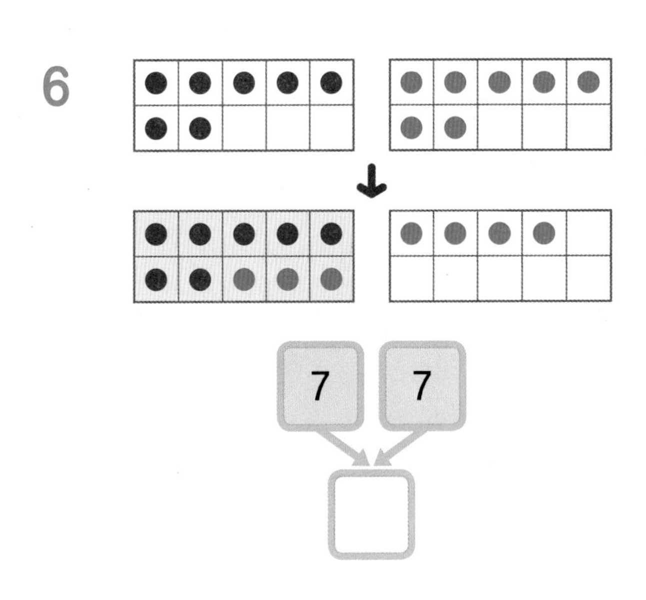

7

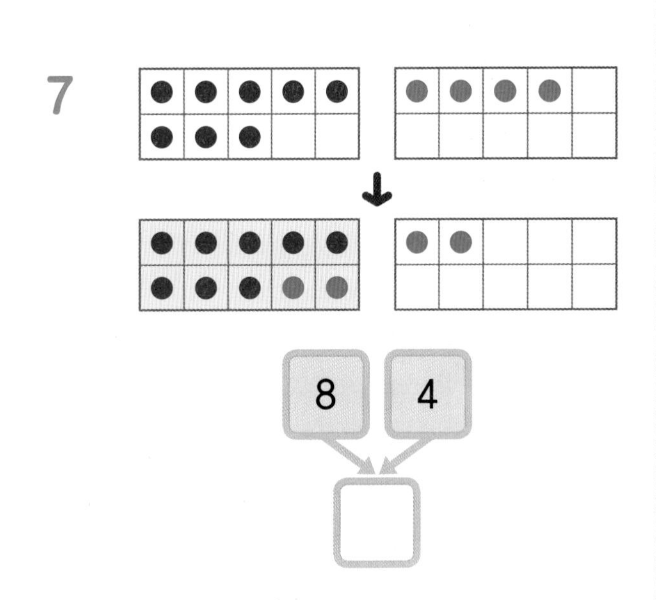

8

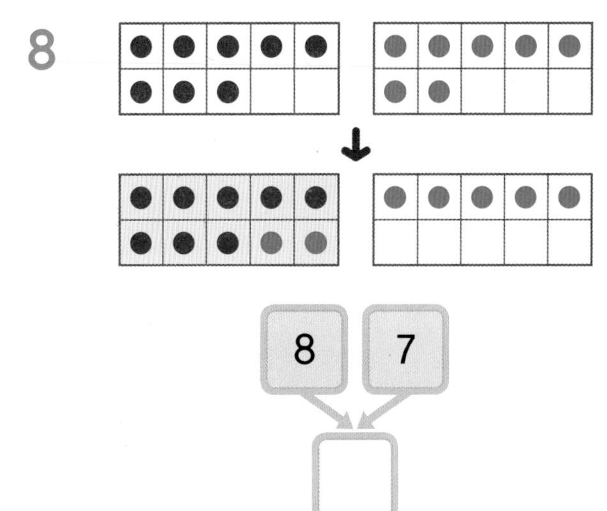

9

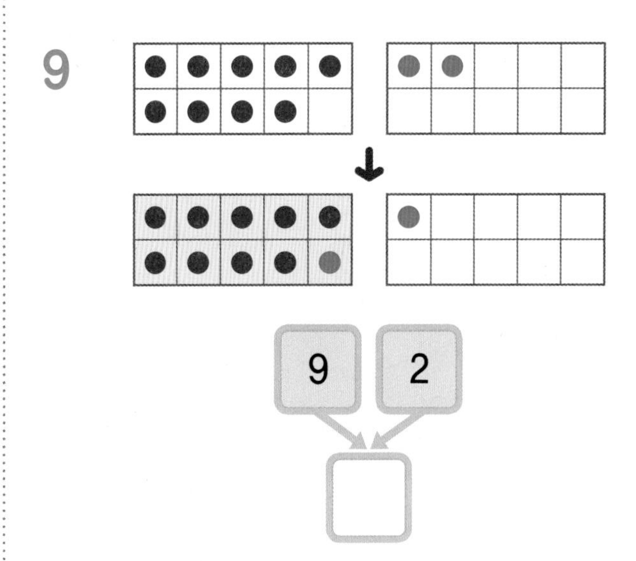

10

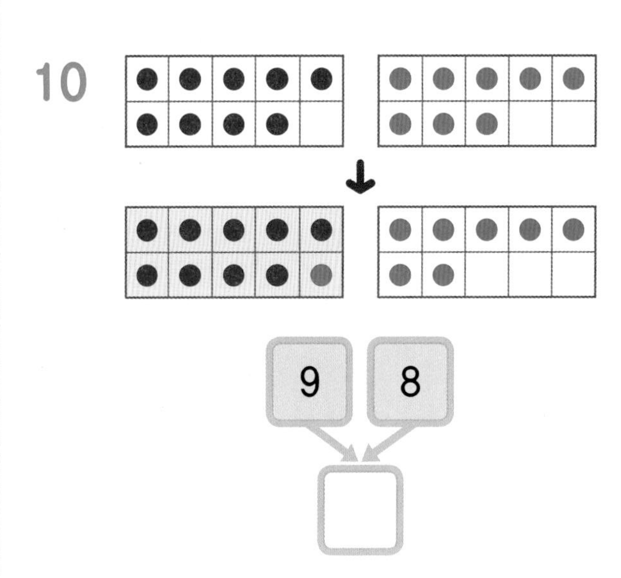

모으기를 해 보세요.

11
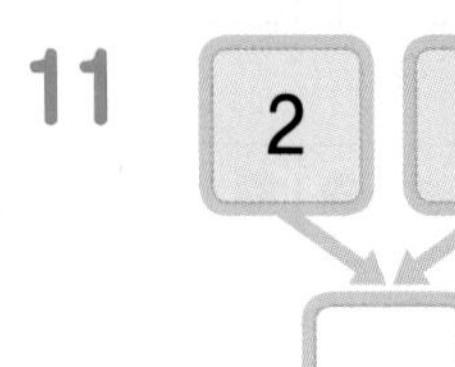

12
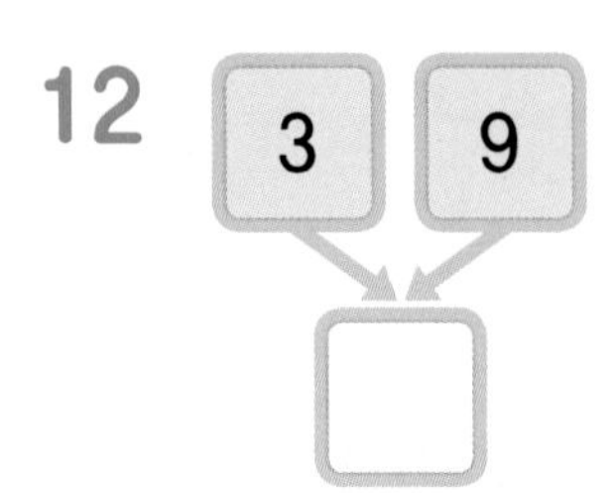

13
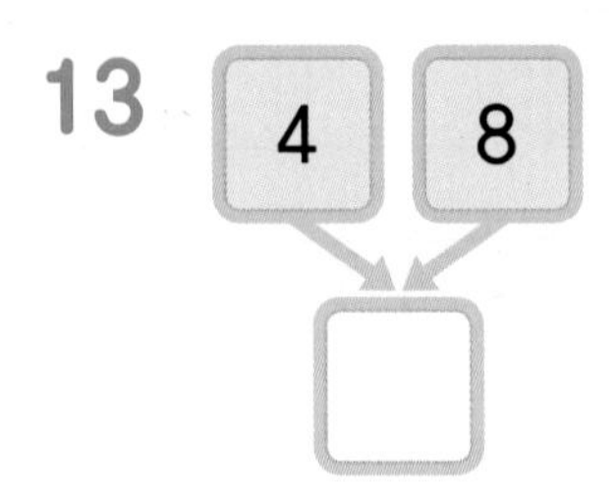

14
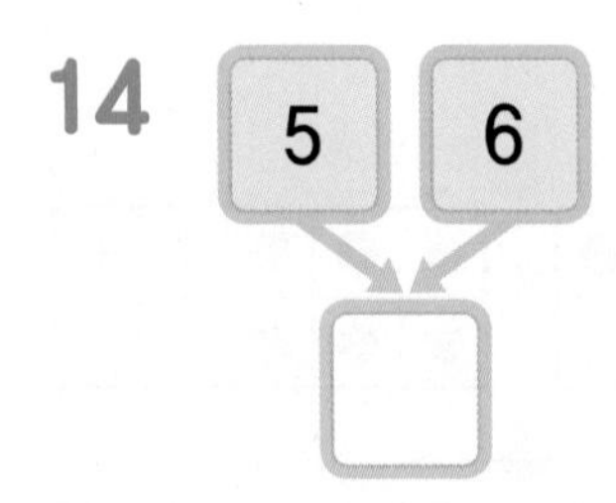

15
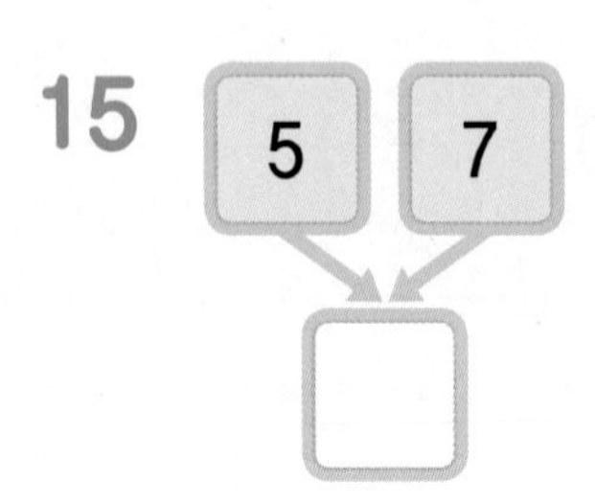

16
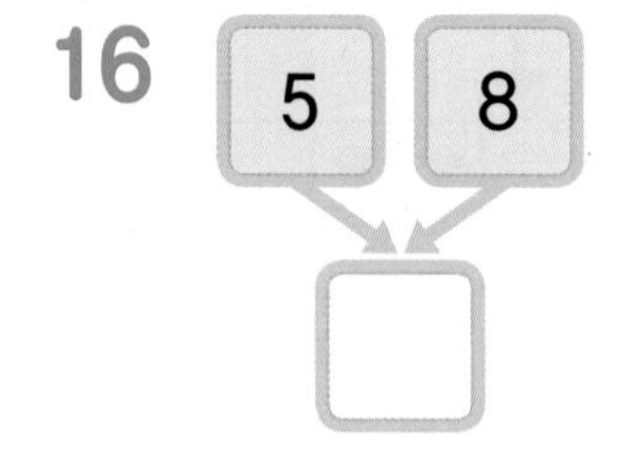

17
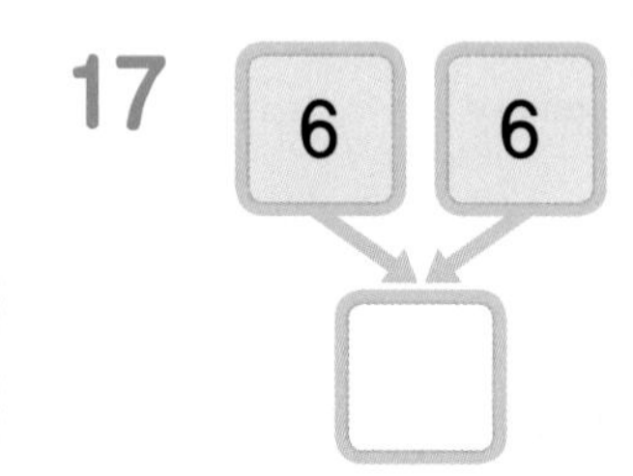

18
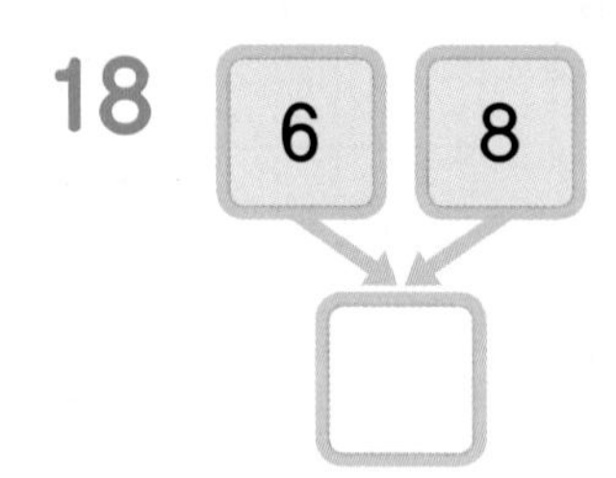

19
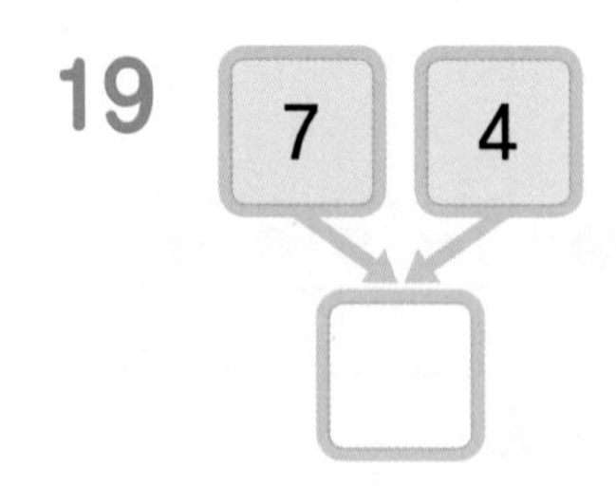

20
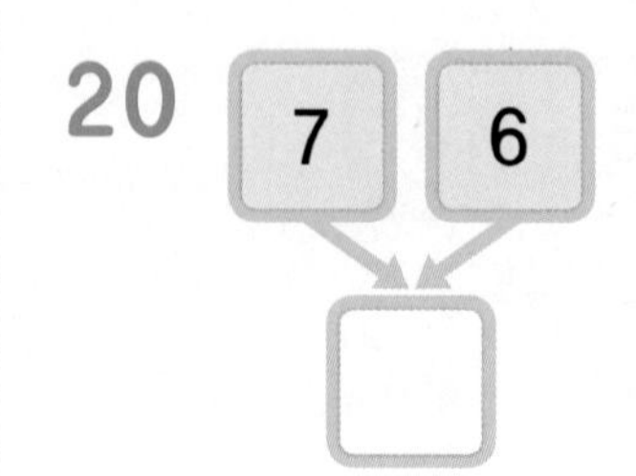

정답 15쪽

21
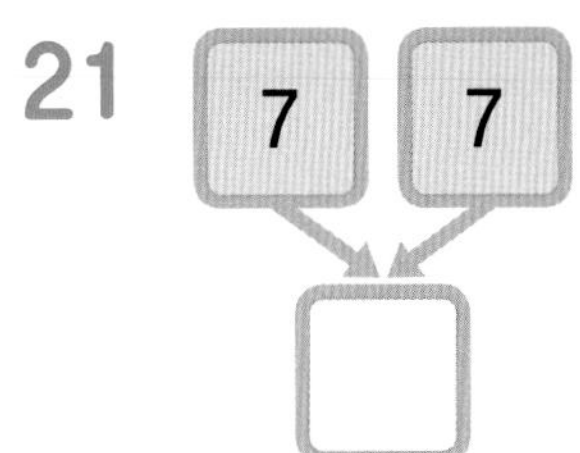

22
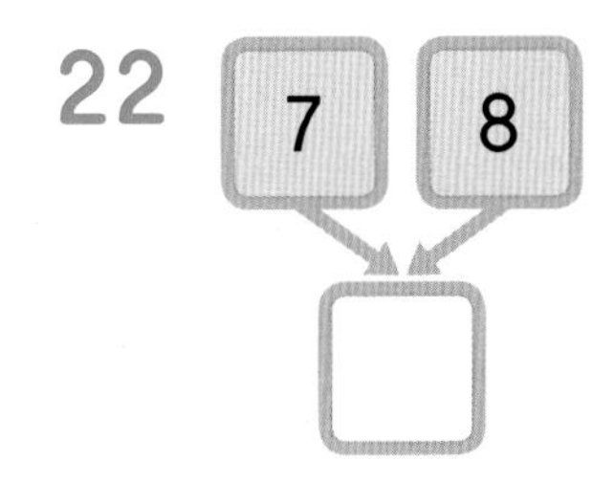

23
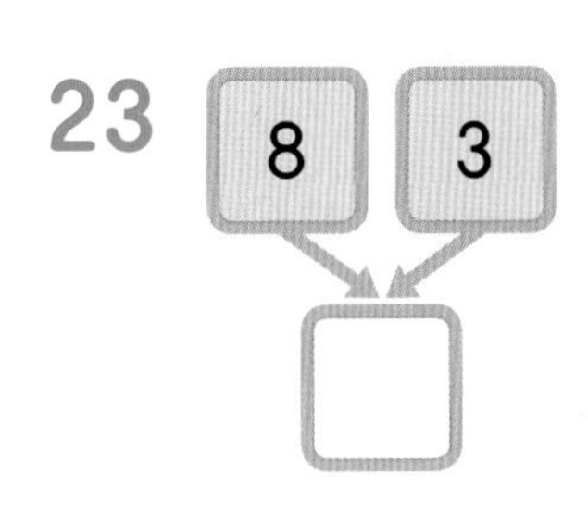

24
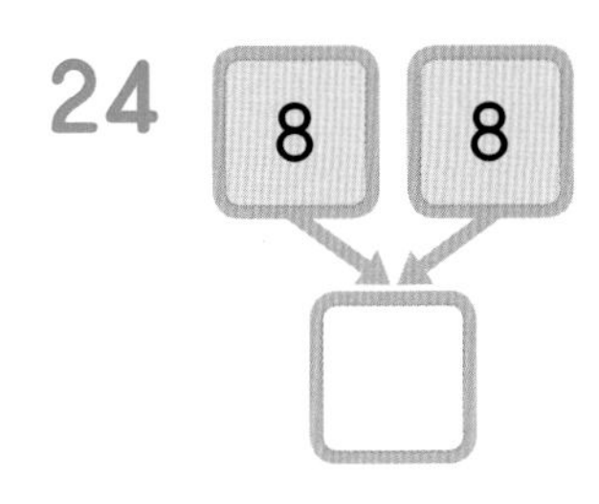

25
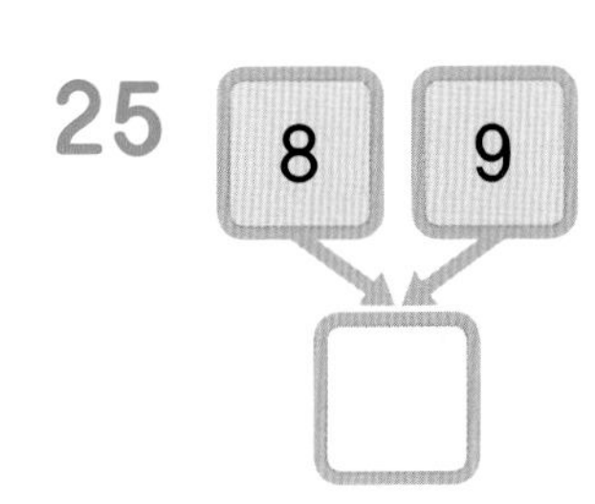

26

27
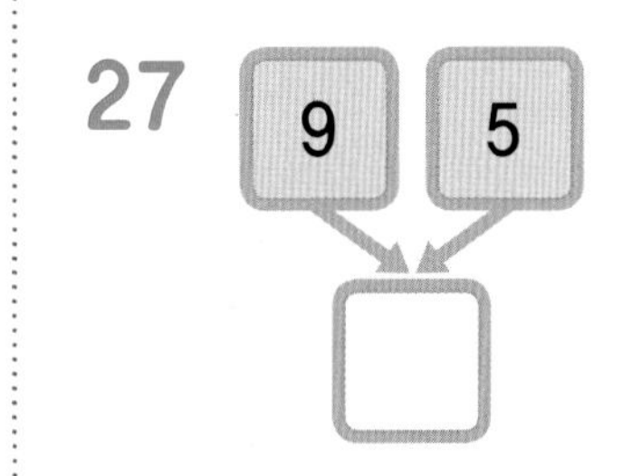

28
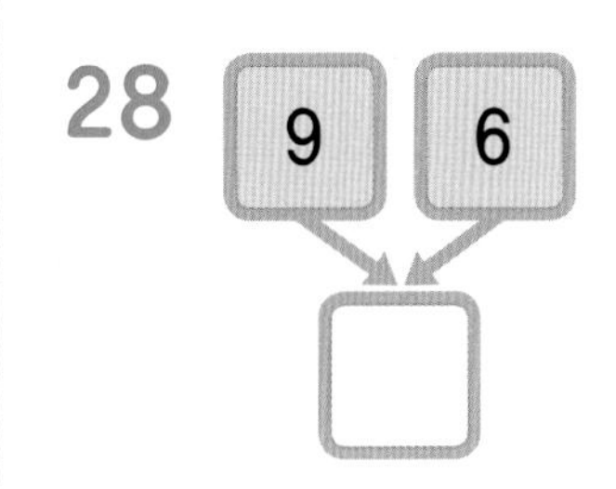

29
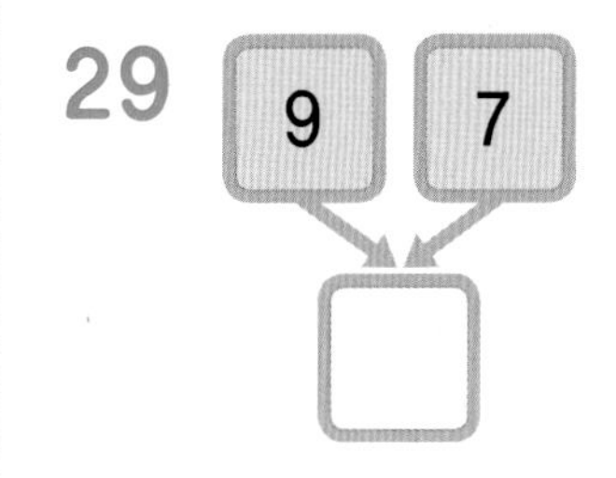

30
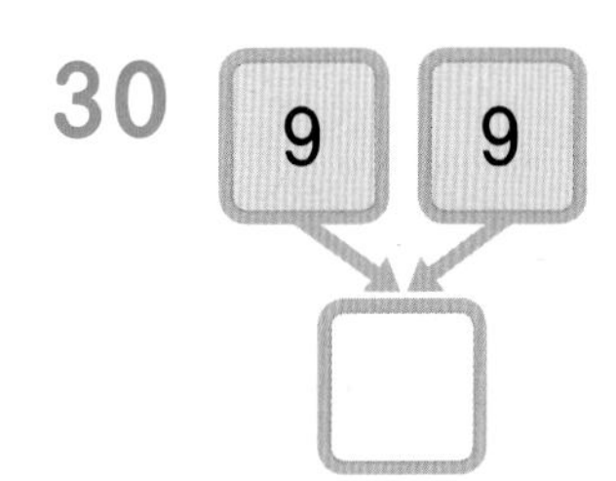

DAY 16

(몇)+(몇)

: 받아올림이 있는 경우

이렇게 계산해요

6+8의 계산

방법 1

뒤의 수를 가르기하여 덧셈하기

$6+8=14$

4 4

6이 10이 되도록 8을 4와 4로 가르기해요.

방법 2

앞의 수를 가르기하여 덧셈하기

$6+8=14$

4 2

8이 10이 되도록 6을 4와 2로 가르기해요.

● 계산해 보세요.

1 $2+9=\square$

8 $\square$

2 $3+8=\square$

7 $\square$

3 $4+9=\square$

6 $\square$

4 $5+6=\square$

$\square$ 4

5 $5+8=\square$

$\square$ 2

6 $6+7=\square$

$\square$ 3

7 $6+9=\square$ (4, $\square$)

8 $7+4=\square$ (3, $\square$)

9 $7+7=\square$ (3, $\square$)

10 $7+9=\square$ (3, $\square$)

11 $8+4=\square$ (2, $\square$)

12 $8+7=\square$ ($\square$, 3)

13 $8+9=\square$ ($\square$, 1)

14 $9+3=\square$ ($\square$, 7)

15 $9+5=\square$ ($\square$, 5)

16 $9+9=\square$ ($\square$, 1)

17 $2+9=$

18 $3+8=$

19 $3+9=$

20 $4+8=$

21 $4+9=$

22 $5+6=$

23 $5+7=$

24 $5+8=$

25 $5+9=$

26 $6+5=$

27 $6+6=$

28 $6+7=$

29 $6+8=$

30 $6+9=$

31 $7+4=$

32 $7+5=$

정답 16쪽

33 $7+6=$

34 $7+7=$

35 $7+9=$

36 $8+4=$

37 $8+5=$

38 $8+6=$

39 $8+7=$

40 $8+8=$

41 $8+9=$

42 $9+2=$

43 $9+3=$

44 $9+4=$

45 $9+6=$

46 $9+7=$

47 $9+8=$

48 $9+9=$

DAY 17 평가

● 두 수를 바꾸어 더해 보세요.

1
- 4+9=□
- 9+4=□

2
- 6+8=□
- 8+6=□

● 모으기를 해 보세요.

3 7, 9 → □

4 9, 3 → □

● 계산해 보세요.

5 1+3+4=

6 1+9=

7 2+8+6=

8 2+9=

9 3+3+3=

10 3+5+1=

11 3+9=

12 $4+2+2=$

13 $4+6=$

14 $4+8=$

15 $5+5=$

16 $6+3+7=$

17 $6+5=$

18 $7+1+1=$

19 $7+3=$

20 $7+3+5=$

21 $8+2=$

22 $8+4+2=$

23 $8+7=$

24 $9+1+7=$

25 $9+9=$

숨은 그림 8개를 찾아보세요.

받아올림이 있는 덧셈

DAY 18

(두 자리 수)+(한 자리 수)

이렇게 계산해요

26+8의 계산

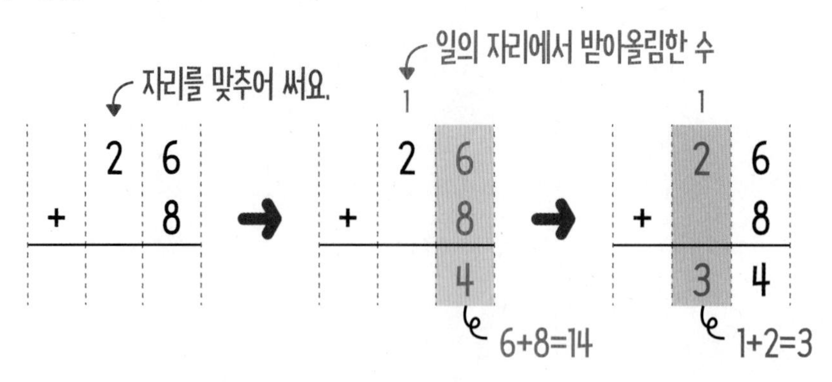

● 계산해 보세요.

1

	1	5
+		7

2

	1	9
+		2

3

	2	3
+		9

4

	2	8
+		4

5

	3	3
+		8

6

	3	6
+		7

7

	3	9
+		3

8

	4	2
+		9

9

	4	4
+		8

10

	4	9
+		1

11

	5	3
+		9

12

	5	6
+		6

13

	5	7
+		4

14

	6	5
+		7

15

	6	9
+		9

16

	7	5
+		8

17

	7	8
+		3

18

	7	9
+		3

19

	8	4
+		9

20

	8	7
+		5

21

$$\begin{array}{r} 12 \\ +\ \ 9 \\ \hline \end{array}$$

22

$$\begin{array}{r} 14 \\ +\ \ 7 \\ \hline \end{array}$$

23

$$\begin{array}{r} 18 \\ +\ \ 8 \\ \hline \end{array}$$

24

$$\begin{array}{r} 19 \\ +\ \ 7 \\ \hline \end{array}$$

25

$$\begin{array}{r} 24 \\ +\ \ 6 \\ \hline \end{array}$$

26

$$\begin{array}{r} 25 \\ +\ \ 9 \\ \hline \end{array}$$

27

$$\begin{array}{r} 29 \\ +\ \ 4 \\ \hline \end{array}$$

28

$$\begin{array}{r} 32 \\ +\ \ 9 \\ \hline \end{array}$$

29

$$\begin{array}{r} 37 \\ +\ \ 5 \\ \hline \end{array}$$

30

$$\begin{array}{r} 38 \\ +\ \ 8 \\ \hline \end{array}$$

31

$$\begin{array}{r} 41 \\ +\ \ 9 \\ \hline \end{array}$$

32

$$\begin{array}{r} 43 \\ +\ \ 8 \\ \hline \end{array}$$

33 $46+5=$

34 $49+4=$

35 $52+8=$

36 $55+7=$

37 $58+6=$

38 $63+7=$

39 $64+9=$

40 $66+4=$

41 $68+3=$

42 $72+9=$

43 $74+8=$

44 $76+5=$

45 $83+7=$

46 $87+6=$

47 $88+9=$

48 $89+5=$

DAY 19

(두 자리 수)+(두 자리 수)

: 일의 자리에서 받아올림이 있는 경우

이렇게 계산해요

57+16의 계산

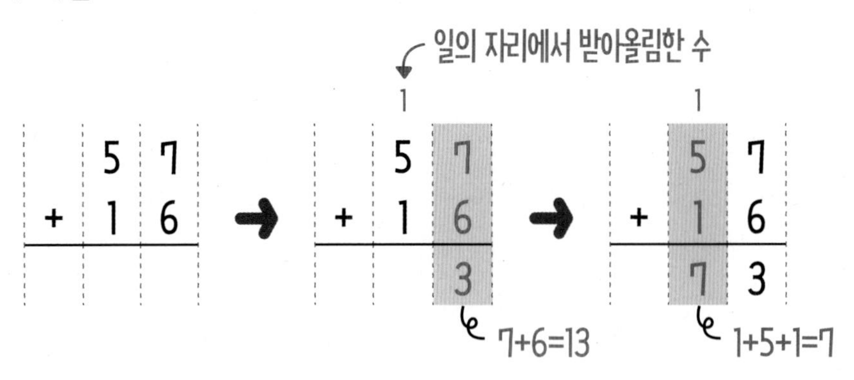

● 계산해 보세요.

1

	1	3
+	2	9

2

	1	5
+	4	9

3

	1	9
+	7	2

4

	2	2
+	3	8

5

	2	3
+	4	7

6

	2	8
+	5	7

7

	3	2
+	1	8

8

	3	4
+	2	9

9

	3	9
+	3	8

10

	4	2
+	1	8

11

	4	5
+	2	7

12

	4	7
+	4	7

13

	5	2
+	2	9

14

	5	4
+	1	7

15

	5	6
+	3	7

16

	6	1
+	1	9

17

	6	3
+	2	8

18

	6	6
+	1	5

19

	7	5
+	1	7

20

	7	8
+	1	8

21
$$\begin{array}{r} 12 \\ +\ 48 \\ \hline \end{array}$$

22
$$\begin{array}{r} 14 \\ +\ 29 \\ \hline \end{array}$$

23
$$\begin{array}{r} 16 \\ +\ 38 \\ \hline \end{array}$$

24
$$\begin{array}{r} 18 \\ +\ 54 \\ \hline \end{array}$$

25
$$\begin{array}{r} 23 \\ +\ 39 \\ \hline \end{array}$$

26
$$\begin{array}{r} 25 \\ +\ 46 \\ \hline \end{array}$$

27
$$\begin{array}{r} 27 \\ +\ 27 \\ \hline \end{array}$$

28
$$\begin{array}{r} 29 \\ +\ 67 \\ \hline \end{array}$$

29
$$\begin{array}{r} 31 \\ +\ 39 \\ \hline \end{array}$$

30
$$\begin{array}{r} 35 \\ +\ 18 \\ \hline \end{array}$$

31
$$\begin{array}{r} 37 \\ +\ 26 \\ \hline \end{array}$$

32
$$\begin{array}{r} 38 \\ +\ 44 \\ \hline \end{array}$$

정답 19쪽

33 $42+39=$

34 $43+18=$

35 $46+37=$

36 $49+25=$

37 $54+19=$

38 $55+26=$

39 $57+17=$

40 $59+35=$

41 $62+18=$

42 $64+28=$

43 $66+26=$

44 $69+27=$

45 $73+19=$

46 $75+18=$

47 $77+17=$

48 $79+19=$

DAY 20

(두 자리 수)+(두 자리 수)

: 십의 자리에서 받아올림이 있는 경우

이렇게 계산해요

63+54의 계산

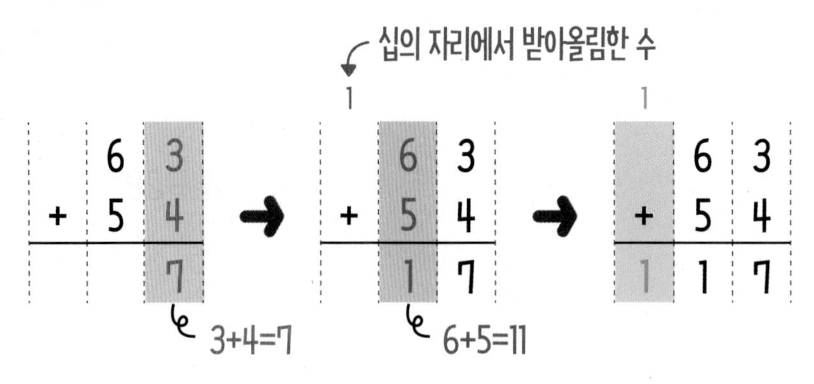

● 계산해 보세요.

1

	1	4
+	9	0

2

	2	1
+	8	1

3

	2	5
+	9	2

4

	3	3
+	8	2

5

	3	7
+	9	1

6

	4	1
+	6	4

7

	4	6
+	8	2

8

	4	8
+	7	1

9

	5	0
+	6	7

10

	5	4
+	8	1

11

	6	3
+	7	2

12

	6	6
+	8	0

13

	7	2
+	5	2

14

	7	7
+	7	2

15

	8	1
+	6	7

16

	8	5
+	7	3

17

	8	9
+	9	0

18

	9	0
+	4	2

19

	9	6
+	2	2

20

	9	8
+	5	1

21
$$\begin{array}{r} 15 \\ +\ 94 \\ \hline \end{array}$$

22
$$\begin{array}{r} 22 \\ +\ 97 \\ \hline \end{array}$$

23
$$\begin{array}{r} 26 \\ +\ 93 \\ \hline \end{array}$$

24
$$\begin{array}{r} 33 \\ +\ 70 \\ \hline \end{array}$$

25
$$\begin{array}{r} 34 \\ +\ 81 \\ \hline \end{array}$$

26
$$\begin{array}{r} 36 \\ +\ 92 \\ \hline \end{array}$$

27
$$\begin{array}{r} 38 \\ +\ 71 \\ \hline \end{array}$$

28
$$\begin{array}{r} 40 \\ +\ 75 \\ \hline \end{array}$$

29
$$\begin{array}{r} 42 \\ +\ 86 \\ \hline \end{array}$$

30
$$\begin{array}{r} 44 \\ +\ 92 \\ \hline \end{array}$$

31
$$\begin{array}{r} 47 \\ +\ 72 \\ \hline \end{array}$$

32
$$\begin{array}{r} 51 \\ +\ 67 \\ \hline \end{array}$$

33 $52+75=$

34 $53+81=$

35 $56+92=$

36 $64+70=$

37 $65+83=$

38 $66+71=$

39 $72+44=$

40 $73+65=$

41 $74+85=$

42 $80+27=$

43 $81+93=$

44 $83+71=$

45 $92+23=$

46 $94+33=$

47 $95+64=$

48 $97+81=$

DAY 21

(두 자리 수)+(두 자리 수)

: 받아올림이 두 번 있는 경우

이렇게 계산해요

78+65의 계산

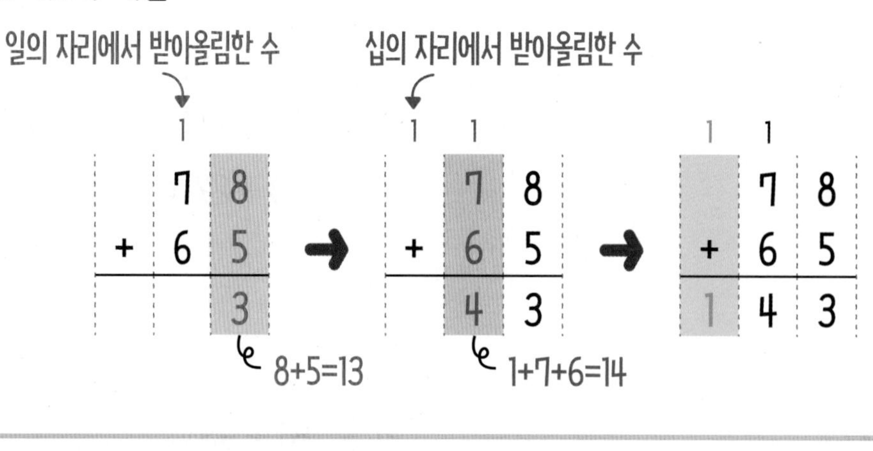

● 계산해 보세요.

1

	1	8
+	9	4

2

	2	3
+	8	8

3

	2	6
+	9	5

4

	3	4
+	8	9

5

	3	7
+	9	3

6

	4	4
+	7	8

7

	4	9
+	9	2

8

	5	1
+	6	9

9

	5	5
+	8	7

10

	6	3
+	5	8

11

	6	5
+	6	5

12

	6	9
+	7	4

13

	7	4
+	8	6

14

	7	8
+	9	3

15

	8	2
+	4	9

16

	8	6
+	6	7

17

	8	8
+	9	4

18

	9	5
+	4	8

19

	9	7
+	7	9

20

	9	8
+	8	2

21
$$\begin{array}{r} 1\ 7 \\ +\ 9\ 5 \\ \hline \end{array}$$

22
$$\begin{array}{r} 2\ 3 \\ +\ 8\ 7 \\ \hline \end{array}$$

23
$$\begin{array}{r} 2\ 6 \\ +\ 9\ 8 \\ \hline \end{array}$$

24
$$\begin{array}{r} 2\ 9 \\ +\ 8\ 4 \\ \hline \end{array}$$

25
$$\begin{array}{r} 3\ 2 \\ +\ 7\ 9 \\ \hline \end{array}$$

26
$$\begin{array}{r} 3\ 5 \\ +\ 8\ 6 \\ \hline \end{array}$$

27
$$\begin{array}{r} 3\ 8 \\ +\ 9\ 6 \\ \hline \end{array}$$

28
$$\begin{array}{r} 4\ 1 \\ +\ 7\ 9 \\ \hline \end{array}$$

29
$$\begin{array}{r} 4\ 4 \\ +\ 9\ 9 \\ \hline \end{array}$$

30
$$\begin{array}{r} 4\ 6 \\ +\ 7\ 8 \\ \hline \end{array}$$

31
$$\begin{array}{r} 4\ 7 \\ +\ 8\ 4 \\ \hline \end{array}$$

32
$$\begin{array}{r} 5\ 2 \\ +\ 6\ 9 \\ \hline \end{array}$$

33 $54+86=$

34 $57+95=$

35 $59+88=$

36 $62+59=$

37 $64+88=$

38 $68+73=$

39 $71+79=$

40 $76+45=$

41 $79+96=$

42 $83+49=$

43 $84+66=$

44 $87+87=$

45 $88+74=$

46 $92+99=$

47 $95+67=$

48 $96+76=$

DAY 22

여러 가지 방법으로 덧셈하기

이렇게 계산해요

36+58의 계산

방법 1

36 + 58 (58 → 50, 8)

$36+58=36+50+8$
$=86+8$
$=94$

방법 2

36 + 58 (58 → 4, 54)

$36+58=36+4+54$
$=40+54$
$=94$

방법 3

36 + 58 (36 → 30, 6; 58 → 50, 8)

$36+58=30+50+6+8$
$=80+14$
$=94$

● □ 안에 알맞은 수를 써넣으세요.

1

15 + 47 (47 → 40, 7)

$15+47=15+40+\square$
$=55+\square$
$=\square$

2

23 + 29 (29 → 20, 9)

$23+29=23+20+\square$
$=43+\square$
$=\square$

3

34 + 48 (48 → 40, 8)

$34+48=34+40+\square$
$=74+\square$
$=\square$

4

57 + 15 (15 → 10, 5)

$57+15=57+10+\square$
$=67+\square$
$=\square$

5

14 + 29
6 23

$14+29=14+6+\square$

$=20+\square$

$=\square$

6

33 + 48
7 41

$33+48=33+7+\square$

$=40+\square$

$=\square$

7

49 + 16
1 15

$49+16=49+1+\square$

$=50+\square$

$=\square$

8

65 + 27
5 22

$65+27=65+5+\square$

$=70+\square$

$=\square$

9

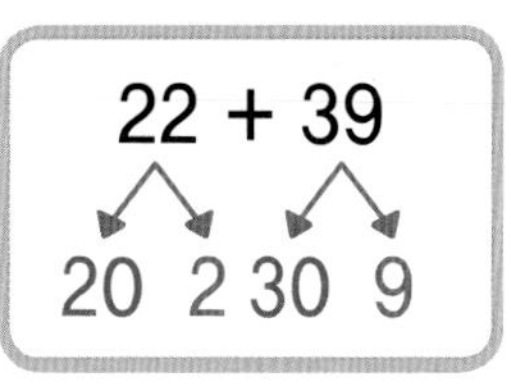

$22+39=20+30+2+\square$

$=50+\square$

$=\square$

10

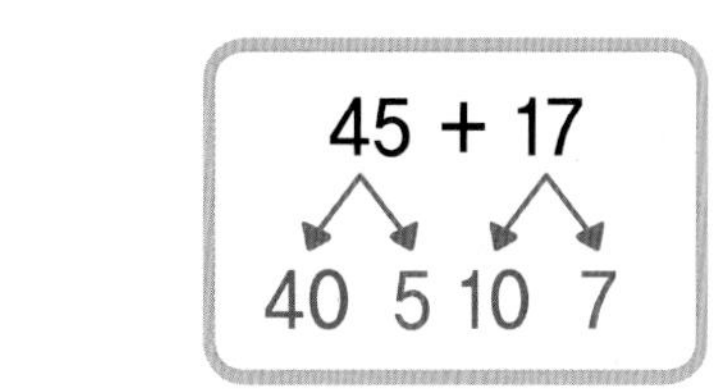

$45+17=40+10+5+\square$

$=50+\square$

$=\square$

11

58 + 26
50 8 20 6

$58+26=50+20+8+\square$

$=70+\square$

$=\square$

12

76 + 18
70 6 10 8

$76+18=70+10+6+\square$

$=80+\square$

$=\square$

4

13 $14+28=14+\square+8$
$=\square+8$
$=\square$

14 $22+58=22+\square+8$
$=\square+8$
$=\square$

15 $29+37=29+\square+7$
$=\square+7$
$=\square$

16 $36+47=36+\square+7$
$=\square+7$
$=\square$

17 $43+19=43+\square+9$
$=\square+9$
$=\square$

18 $57+36=57+\square+6$
$=\square+6$
$=\square$

19 $65+29=65+\square+9$
$=\square+9$
$=\square$

20 $77+14=77+\square+4$
$=\square+4$
$=\square$

21 $18+56=18+\square+54$
$=\square+54$
$=\square$

22 $24+17=24+\square+11$
$=\square+11$
$=\square$

정답 22쪽

23 $35+48=35+\square+43$
$=\square+43$
$=\square$

24 $42+19=42+\square+11$
$=\square+11$
$=\square$

25 $59+36=59+\square+35$
$=\square+35$
$=\square$

26 $63+27=63+\square+20$
$=\square+20$
$=\square$

27 $76+16=76+\square+12$
$=\square+12$
$=\square$

28 $17+34=10+\square+7+4$
$=\square+11$
$=\square$

29 $26+59=20+\square+6+9$
$=\square+15$
$=\square$

30 $34+28=30+\square+4+8$
$=\square+12$
$=\square$

31 $48+37=40+\square+8+7$
$=\square+15$
$=\square$

32 $55+16=50+\square+5+6$
$=\square+11$
$=\square$

DAY 23

세 수의 덧셈

이렇게 계산해요

15+29+17의 계산

방법 1 옆으로 계산하기

15+29+17=61

44 — 앞의 두 수를 먼저 더해요.

61 — 더해서 나온 수에 나머지 한 수를 더해요.

방법 2 식을 2개로 나누어 계산하기

$$\begin{array}{r} 15 \\ +\ 29 \\ \hline 44 \end{array} \quad \rightarrow \quad \begin{array}{r} 44 \\ +\ 17 \\ \hline 61 \end{array}$$

● 계산해 보세요.

1 9+14+29=□

2 13+37+25=□

3 18+42+5=□

4 19+54+18=□

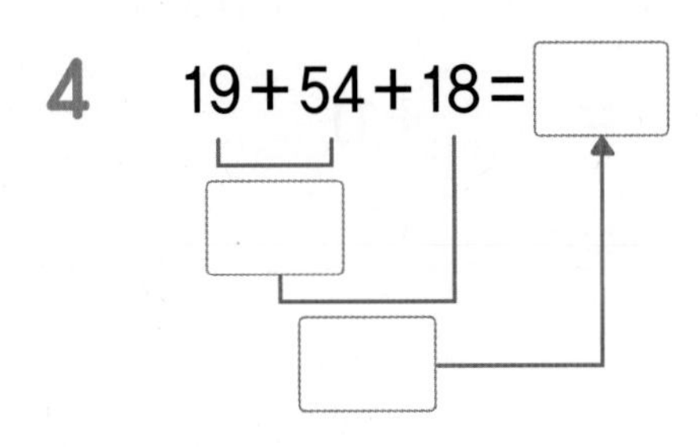

5 22+7+49=□

6 27+9+55=□

7 36+22+18=□

8 37+18+16=□

9 $43+38+5=\square$

$$\begin{array}{r} 43 \\ +\ 38 \\ \hline \square \end{array} \qquad \begin{array}{r} \square \\ +\ \ 5 \\ \hline \square \end{array}$$

10 $46+31+18=\square$

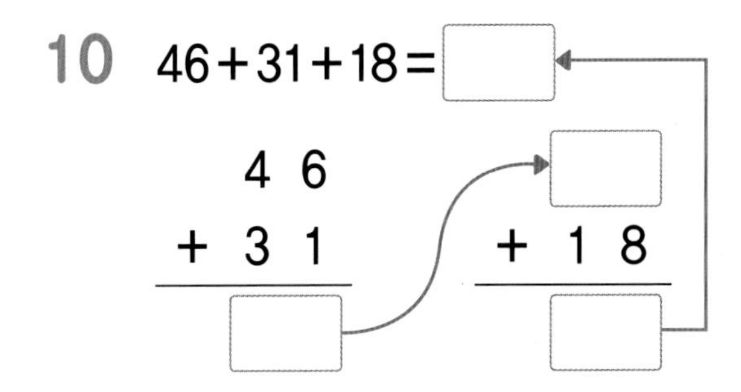

11 $47+28+16=\square$

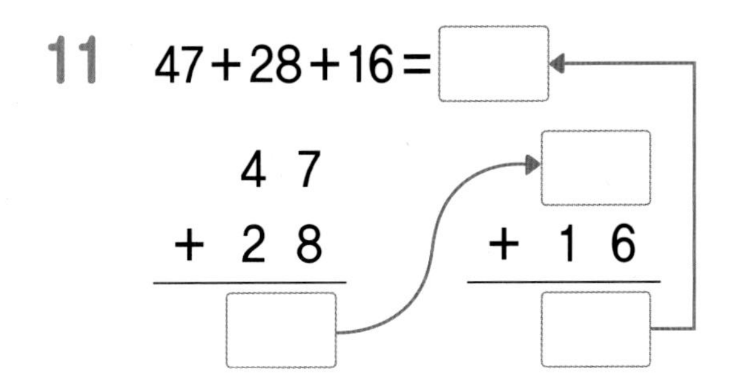

12 $52+9+33=\square$

$$\begin{array}{r} 52 \\ +\ \ 9 \\ \hline \square \end{array} \qquad \begin{array}{r} \square \\ +\ 33 \\ \hline \square \end{array}$$

13 $54+12+7=\square$

$$\begin{array}{r} 54 \\ +\ 12 \\ \hline \square \end{array} \qquad \begin{array}{r} \square \\ +\ \ 7 \\ \hline \square \end{array}$$

14 $55+27+13=\square$

$$\begin{array}{r} 55 \\ +\ 27 \\ \hline \square \end{array} \qquad \begin{array}{r} \square \\ +\ 13 \\ \hline \square \end{array}$$

15 $58+14+19=\square$

$$\begin{array}{r} 58 \\ +\ 14 \\ \hline \square \end{array} \qquad \begin{array}{r} \square \\ +\ 19 \\ \hline \square \end{array}$$

16 $63+2+28=\square$

$$\begin{array}{r} 63 \\ +\ \ 2 \\ \hline \square \end{array} \qquad \begin{array}{r} \square \\ +\ 28 \\ \hline \square \end{array}$$

17 $69+17+4=\square$

$$\begin{array}{r} 69 \\ +\ 17 \\ \hline \square \end{array} \qquad \begin{array}{r} \square \\ +\ \ 4 \\ \hline \square \end{array}$$

18 $73+9+15=\square$

$$\begin{array}{r} 73 \\ +\ \ 9 \\ \hline \square \end{array} \qquad \begin{array}{r} \square \\ +\ 15 \\ \hline \square \end{array}$$

4

19 $5+38+28=$

20 $6+29+17=$

21 $9+46+25=$

22 $13+8+49=$

23 $15+27+39=$

24 $17+19+3=$

25 $18+31+5=$

26 $19+44+23=$

27 $22+18+15=$

28 $24+39+17=$

29 $25+9+17=$

30 $27+11+36=$

31 $28+47+19=$

32 $30+16+17=$

33 $31+4+29=$

34 $33+28+29=$

35 36+18+7=

36 37+21+33=

37 42+9+18=

38 44+37+15=

39 45+29+16=

40 48+18+15=

41 49+27+8=

42 51+6+26=

43 53+19+18=

44 56+27+11=

45 57+13+4=

46 58+15+19=

47 62+12+17=

48 64+7+19=

49 68+8+16=

50 69+15+13=

DAY 24 평가

● □ 안에 알맞은 수를 써넣으세요.

1 $13+39=13+\square+9$
$=\square+9$
$=\square$

2 $26+45=26+\square+41$
$=\square+41$
$=\square$

3 $44+28=40+\square+4+8$
$=\square+12$
$=\square$

4 $57+16=57+\square+6$
$=\square+6$
$=\square$

5 $68+17=68+\square+15$
$=\square+15$
$=\square$

● 계산해 보세요.

6
$$\begin{array}{r} 1\ 2 \\ +\quad 8 \\ \hline \end{array}$$

7
$$\begin{array}{r} 1\ 8 \\ +\ 1\ 4 \\ \hline \end{array}$$

8
$$\begin{array}{r} 1\ 9 \\ +\ 7\ 7 \\ \hline \end{array}$$

9
$$\begin{array}{r} 2\ 4 \\ +\ 8\ 8 \\ \hline \end{array}$$

10
$$\begin{array}{r} 2\ 7 \\ +\ 9\ 1 \\ \hline \end{array}$$

11 $33+19+7=$

12 $36+5=$

13 $43+39=$

14 $47+85=$

15 $51+74=$

16 $55+8=$

17 $59+18+17=$

18 $61+5+26=$

19 $68+27=$

20 $71+76=$

21 $77+69=$

22 $84+8=$

23 $92+56=$

24 $95+87=$

정답 24쪽

숨은 그림 8개를 찾아보세요.

세 자리 수의 덧셈

DAY 25

(세 자리 수)+(세 자리 수)

: 받아올림이 없는 경우

이렇게 계산해요

324+162의 계산

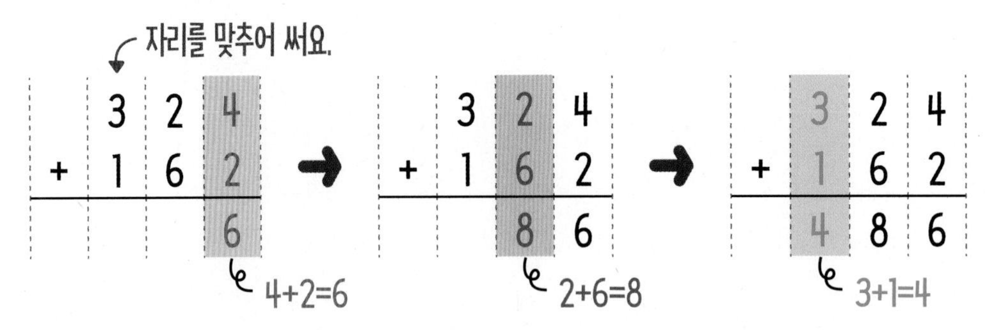

● 계산해 보세요.

1

	1	3	1
+	4	1	5

2

	1	5	8
+	6	3	1

3

	1	7	4
+	3	0	4

4

	2	1	1
+	2	6	2

5

	2	4	7
+	6	0	2

6

	2	5	8
+	4	4	0

7

	3	3	4
+	2	1	3

8

	3	8	4
+	5	1	1

9

	4	3	9
+	3	4	0

10

	4	5	2
+	2	4	3

11

	4	8	7
+	4	0	2

12

	5	0	3
+	1	7	2

13

	5	1	6
+	1	2	3

14

	5	4	2
+	1	1	5

15

	6	0	1
+	3	8	6

16

	6	2	4
+	1	2	4

17

	7	4	7
+	1	3	2

18

	7	7	3
+	2	0	5

19

	8	1	5
+	1	1	2

20

	8	6	2
+	1	3	6

21
$$\begin{array}{r} 1\ 0\ 5 \\ +\ 4\ 3\ 4 \\ \hline \end{array}$$

22
$$\begin{array}{r} 1\ 4\ 4 \\ +\ 2\ 5\ 1 \\ \hline \end{array}$$

23
$$\begin{array}{r} 1\ 6\ 3 \\ +\ 5\ 2\ 1 \\ \hline \end{array}$$

24
$$\begin{array}{r} 1\ 8\ 2 \\ +\ 7\ 1\ 5 \\ \hline \end{array}$$

25
$$\begin{array}{r} 2\ 2\ 3 \\ +\ 3\ 5\ 1 \\ \hline \end{array}$$

26
$$\begin{array}{r} 2\ 3\ 7 \\ +\ 6\ 1\ 2 \\ \hline \end{array}$$

27
$$\begin{array}{r} 2\ 5\ 0 \\ +\ 1\ 1\ 3 \\ \hline \end{array}$$

28
$$\begin{array}{r} 2\ 8\ 4 \\ +\ 4\ 0\ 5 \\ \hline \end{array}$$

29
$$\begin{array}{r} 3\ 1\ 5 \\ +\ 2\ 2\ 3 \\ \hline \end{array}$$

30
$$\begin{array}{r} 3\ 3\ 6 \\ +\ 6\ 2\ 2 \\ \hline \end{array}$$

31
$$\begin{array}{r} 3\ 6\ 5 \\ +\ 5\ 1\ 4 \\ \hline \end{array}$$

32
$$\begin{array}{r} 3\ 7\ 7 \\ +\ 3\ 0\ 1 \\ \hline \end{array}$$

정답 25쪽

33 $421+335=$

34 $442+127=$

35 $476+422=$

36 $480+306=$

37 $504+123=$

38 $515+271=$

39 $533+114=$

40 $557+212=$

41 $615+152=$

42 $630+157=$

43 $672+310=$

44 $701+286=$

45 $723+141=$

46 $752+223=$

47 $804+195=$

48 $843+111=$

5

DAY 26

(세 자리 수)+(세 자리 수)

: 받아올림이 한 번 있는 경우

이렇게 계산해요

257+419의 계산

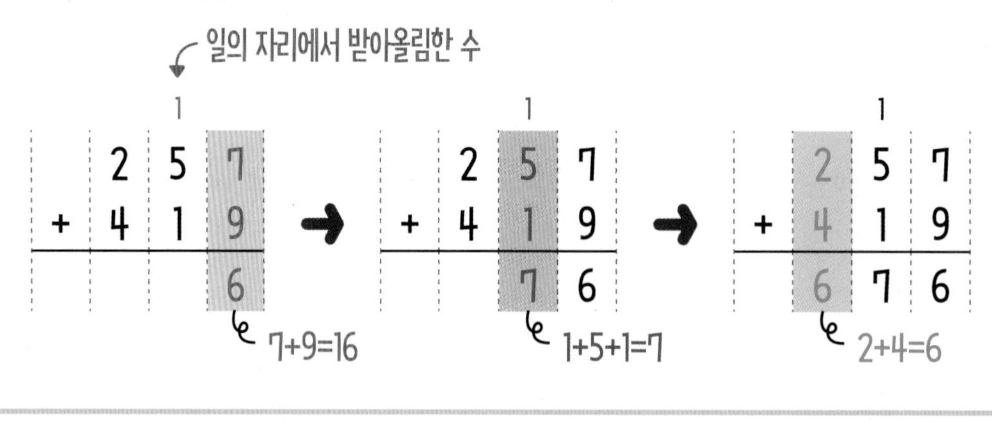

● 계산해 보세요.

1

	1	4	7
+	3	1	6

2

	1	5	9
+	5	1	6

3

	2	1	3
+	3	2	8

4

	2	4	8
+	1	2	7

5

	2	6	9
+	5	1	7

6

	3	0	9
+	1	5	7

7

	3	1	6
+	1	2	7

8

	3	3	5
+	3	2	8

9

	4	5	7
+	1	9	0

10

	4	6	7
+	2	5	1

11

	4	9	3
+	3	7	6

12

	5	4	1
+	1	9	6

13

	5	5	2
+	2	8	2

14

	5	9	5
+	2	8	1

15

	6	4	1
+	1	6	3

16

	6	7	6
+	2	8	1

17

	6	8	0
+	2	2	9

18

	7	5	1
+	1	9	5

19

	7	8	2
+	1	7	3

20

	7	9	4
+	1	3	2

21
$$\begin{array}{r} 1\ 2\ 3 \\ +\ 3\ 4\ 9 \\ \hline \end{array}$$

22
$$\begin{array}{r} 1\ 2\ 7 \\ +\ 8\ 5\ 6 \\ \hline \end{array}$$

23
$$\begin{array}{r} 1\ 3\ 6 \\ +\ 2\ 1\ 8 \\ \hline \end{array}$$

24
$$\begin{array}{r} 1\ 7\ 5 \\ +\ 4\ 0\ 8 \\ \hline \end{array}$$

25
$$\begin{array}{r} 2\ 2\ 4 \\ +\ 5\ 1\ 7 \\ \hline \end{array}$$

26
$$\begin{array}{r} 2\ 3\ 9 \\ +\ 3\ 5\ 4 \\ \hline \end{array}$$

27
$$\begin{array}{r} 2\ 5\ 6 \\ +\ 1\ 0\ 7 \\ \hline \end{array}$$

28
$$\begin{array}{r} 2\ 7\ 8 \\ +\ 6\ 1\ 8 \\ \hline \end{array}$$

29
$$\begin{array}{r} 3\ 0\ 1 \\ +\ 2\ 2\ 9 \\ \hline \end{array}$$

30
$$\begin{array}{r} 3\ 3\ 7 \\ +\ 1\ 5\ 8 \\ \hline \end{array}$$

31
$$\begin{array}{r} 3\ 4\ 6 \\ +\ 4\ 1\ 9 \\ \hline \end{array}$$

32
$$\begin{array}{r} 3\ 5\ 9 \\ +\ 6\ 2\ 4 \\ \hline \end{array}$$

정답 26쪽

33 421+390=

34 440+182=

35 451+276=

36 463+482=

37 527+391=

38 554+192=

39 581+274=

40 593+141=

41 636+272=

42 651+172=

43 678+131=

44 699+210=

45 724+193=

46 740+196=

47 755+183=

48 756+182=

DAY 27

(세 자리 수)+(세 자리 수)

: 받아올림이 두 번 있는 경우

이렇게 계산해요

164+258의 계산

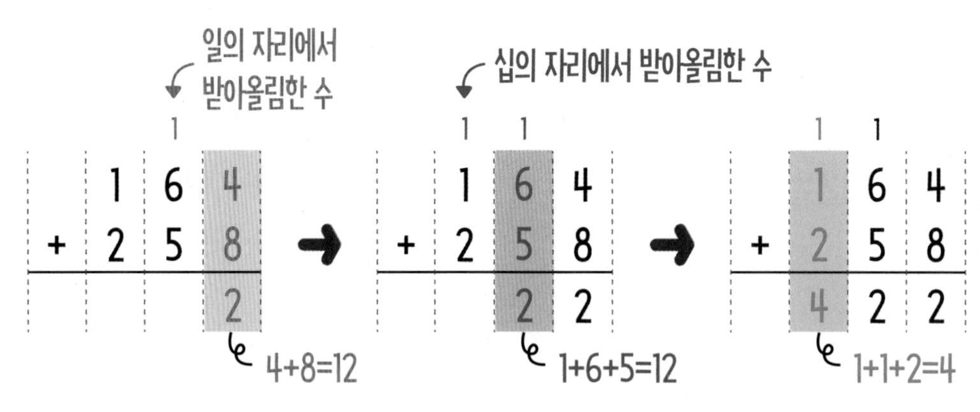

● 계산해 보세요.

1

	1	3	8
+	4	9	3

2

	1	4	5
+	2	9	7

3

	1	6	4
+	5	4	9

4

	2	2	7
+	3	9	3

5

	2	5	9
+	6	8	6

6

	2	7	8
+	4	6	5

7

	3	1	4
+	1	9	9

8

	3	5	3
+	3	6	8

9

	3	7	1
+	2	4	9

10

	4	3	6
+	1	7	5

11

	4	6	8
+	3	5	7

12

	4	9	4
+	1	3	6

13

	5	1	6
+	1	9	6

14

	5	4	8
+	2	7	9

15

	5	8	3
+	1	6	7

16

	6	2	4
+	2	9	9

17

	6	5	7
+	1	8	9

18

	6	9	9
+	2	0	1

19

	7	4	5
+	1	9	7

20

	7	7	8
+	1	5	3

21

$$\begin{array}{r} 1\ 1\ 4 \\ +\ 5\ 9\ 8 \\ \hline \end{array}$$

22

$$\begin{array}{r} 1\ 4\ 7 \\ +\ 3\ 6\ 9 \\ \hline \end{array}$$

23

$$\begin{array}{r} 1\ 7\ 3 \\ +\ 7\ 5\ 7 \\ \hline \end{array}$$

24

$$\begin{array}{r} 1\ 8\ 5 \\ +\ 2\ 5\ 6 \\ \hline \end{array}$$

25

$$\begin{array}{r} 2\ 3\ 6 \\ +\ 4\ 9\ 7 \\ \hline \end{array}$$

26

$$\begin{array}{r} 2\ 6\ 4 \\ +\ 5\ 7\ 8 \\ \hline \end{array}$$

27

$$\begin{array}{r} 2\ 8\ 4 \\ +\ 2\ 3\ 9 \\ \hline \end{array}$$

28

$$\begin{array}{r} 2\ 9\ 2 \\ +\ 3\ 5\ 8 \\ \hline \end{array}$$

29

$$\begin{array}{r} 3\ 2\ 5 \\ +\ 2\ 9\ 7 \\ \hline \end{array}$$

30

$$\begin{array}{r} 3\ 3\ 7 \\ +\ 3\ 9\ 5 \\ \hline \end{array}$$

31

$$\begin{array}{r} 3\ 7\ 6 \\ +\ 5\ 4\ 6 \\ \hline \end{array}$$

32

$$\begin{array}{r} 3\ 8\ 8 \\ +\ 1\ 3\ 5 \\ \hline \end{array}$$

33 $419+292=$

34 $455+196=$

35 $466+377=$

36 $484+439=$

37 $525+296=$

38 $537+375=$

39 $562+179=$

40 $594+228=$

41 $613+198=$

42 $624+176=$

43 $654+256=$

44 $668+274=$

45 $725+199=$

46 $738+175=$

47 $766+156=$

48 $793+128=$

DAY 28

(세 자리 수)+(세 자리 수)

: 받아올림이 세 번 있는 경우

이렇게 계산해요

678+453의 계산

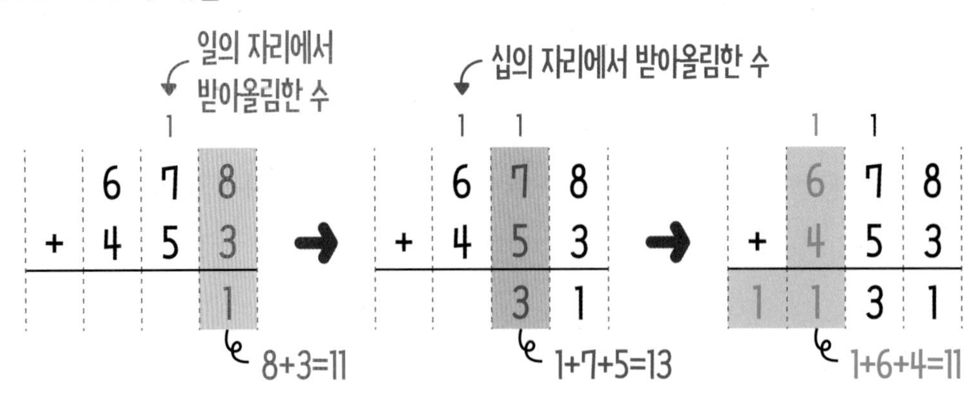

● 계산해 보세요.

1

	1	5	9
+	8	7	3

2

	1	7	4
+	9	6	6

3

	2	6	5
+	8	7	8

4

	2	9	2
+	9	1	9

5

	3	4	7
+	7	8	5

6

	3	8	2
+	8	4	9

7

	4	2	5
+	6	9	7

8

	4	7	6
+	8	5	6

9

	5	5	8
+	6	6	7

10

	5	8	3
+	7	8	9

11

	6	3	7
+	5	9	5

12

	6	6	9
+	8	5	4

13

	7	2	6
+	7	9	5

14

	7	5	1
+	6	4	9

15

	7	9	3
+	3	2	8

16

	8	1	5
+	6	9	6

17

	8	7	4
+	7	5	8

18

	9	4	5
+	4	8	7

19

	9	4	8
+	8	6	6

20

	9	8	8
+	7	6	6

21

$$\begin{array}{r} 1\ 6\ 8 \\ +\ 9\ 7\ 5 \\ \hline \end{array}$$

22

$$\begin{array}{r} 1\ 9\ 5 \\ +\ 9\ 2\ 9 \\ \hline \end{array}$$

23

$$\begin{array}{r} 2\ 3\ 3 \\ +\ 8\ 8\ 8 \\ \hline \end{array}$$

24

$$\begin{array}{r} 2\ 5\ 7 \\ +\ 9\ 6\ 9 \\ \hline \end{array}$$

25

$$\begin{array}{r} 2\ 7\ 9 \\ +\ 9\ 5\ 5 \\ \hline \end{array}$$

26

$$\begin{array}{r} 2\ 9\ 6 \\ +\ 7\ 4\ 9 \\ \hline \end{array}$$

27

$$\begin{array}{r} 3\ 2\ 9 \\ +\ 8\ 8\ 6 \\ \hline \end{array}$$

28

$$\begin{array}{r} 3\ 4\ 5 \\ +\ 7\ 9\ 7 \\ \hline \end{array}$$

29

$$\begin{array}{r} 3\ 9\ 6 \\ +\ 9\ 2\ 7 \\ \hline \end{array}$$

30

$$\begin{array}{r} 4\ 1\ 8 \\ +\ 7\ 9\ 2 \\ \hline \end{array}$$

31

$$\begin{array}{r} 4\ 6\ 6 \\ +\ 9\ 5\ 8 \\ \hline \end{array}$$

32

$$\begin{array}{r} 4\ 7\ 9 \\ +\ 5\ 4\ 5 \\ \hline \end{array}$$

33 485+887=

41 768+449=

34 525+899=

42 777+768=

35 547+665=

43 825+997=

36 572+569=

44 856+468=

37 611+699=

45 894+636=

38 657+496=

46 936+375=

39 694+738=

47 967+669=

40 737+675=

48 972+959=

DAY 29 평가

계산해 보세요.

1
$$\begin{array}{r} 1\ 4\ 3 \\ +\ 3\ 5\ 2 \\ \hline \end{array}$$

2
$$\begin{array}{r} 1\ 6\ 9 \\ +\ 2\ 6\ 3 \\ \hline \end{array}$$

3
$$\begin{array}{r} 1\ 7\ 6 \\ +\ 5\ 8\ 1 \\ \hline \end{array}$$

4
$$\begin{array}{r} 2\ 3\ 7 \\ +\ 9\ 8\ 6 \\ \hline \end{array}$$

5
$$\begin{array}{r} 2\ 5\ 9 \\ +\ 1\ 1\ 7 \\ \hline \end{array}$$

6
$$\begin{array}{r} 2\ 9\ 2 \\ +\ 4\ 1\ 9 \\ \hline \end{array}$$

7
$$\begin{array}{r} 3\ 0\ 5 \\ +\ 2\ 7\ 1 \\ \hline \end{array}$$

8
$$\begin{array}{r} 3\ 2\ 7 \\ +\ 5\ 9\ 4 \\ \hline \end{array}$$

9
$$\begin{array}{r} 3\ 8\ 4 \\ +\ 8\ 5\ 6 \\ \hline \end{array}$$

10
$$\begin{array}{r} 4\ 5\ 2 \\ +\ 4\ 9\ 0 \\ \hline \end{array}$$

11 468+374=

12 472+411=

13 536+158=

14 575+266=

15 581+317=

16 619+695=

17 634+163=

18 663+190=

19 726+152=

20 794+367=

21 835+128=

22 887+529=

23 945+675=

24 996+928=

정답 29쪽

숨은 그림 8개를 찾아보세요.

아이와 평생 함께할 습관을 만듭니다.

아이스크림 홈런 2.0
공부를 좋아하는 습관

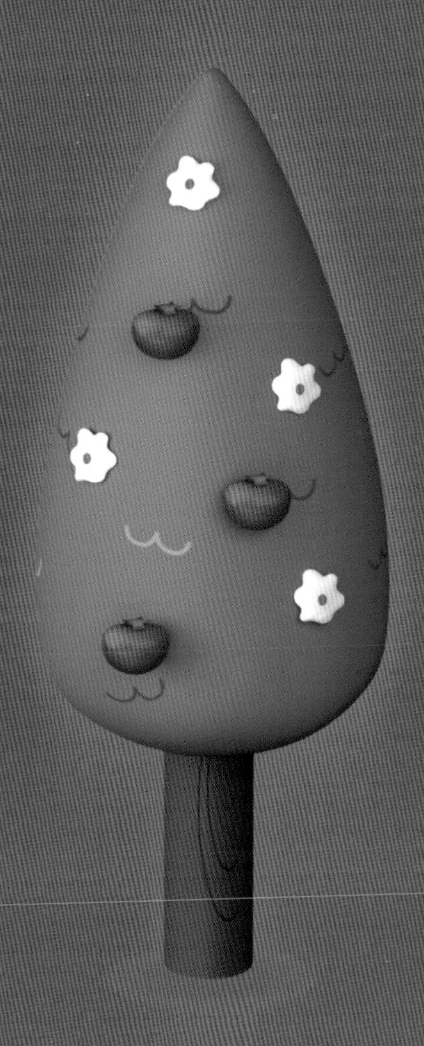

기본을 단단하게
나만의 속도로
무엇보다 재미있게

i-Scream edu

아이스크림 더연산

정답

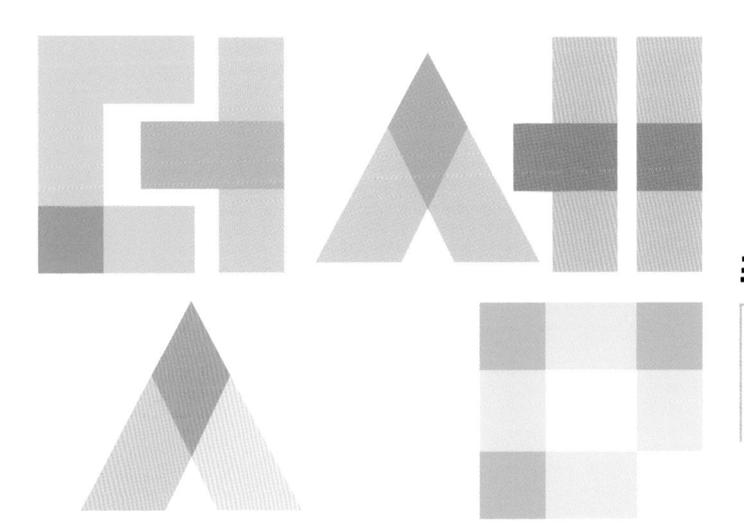

초1 ➕ 초2 ➕ 초3

- 모으기
- 두 자리 수의 덧셈
- 세 자리 수의 덧셈

i-Scream edu

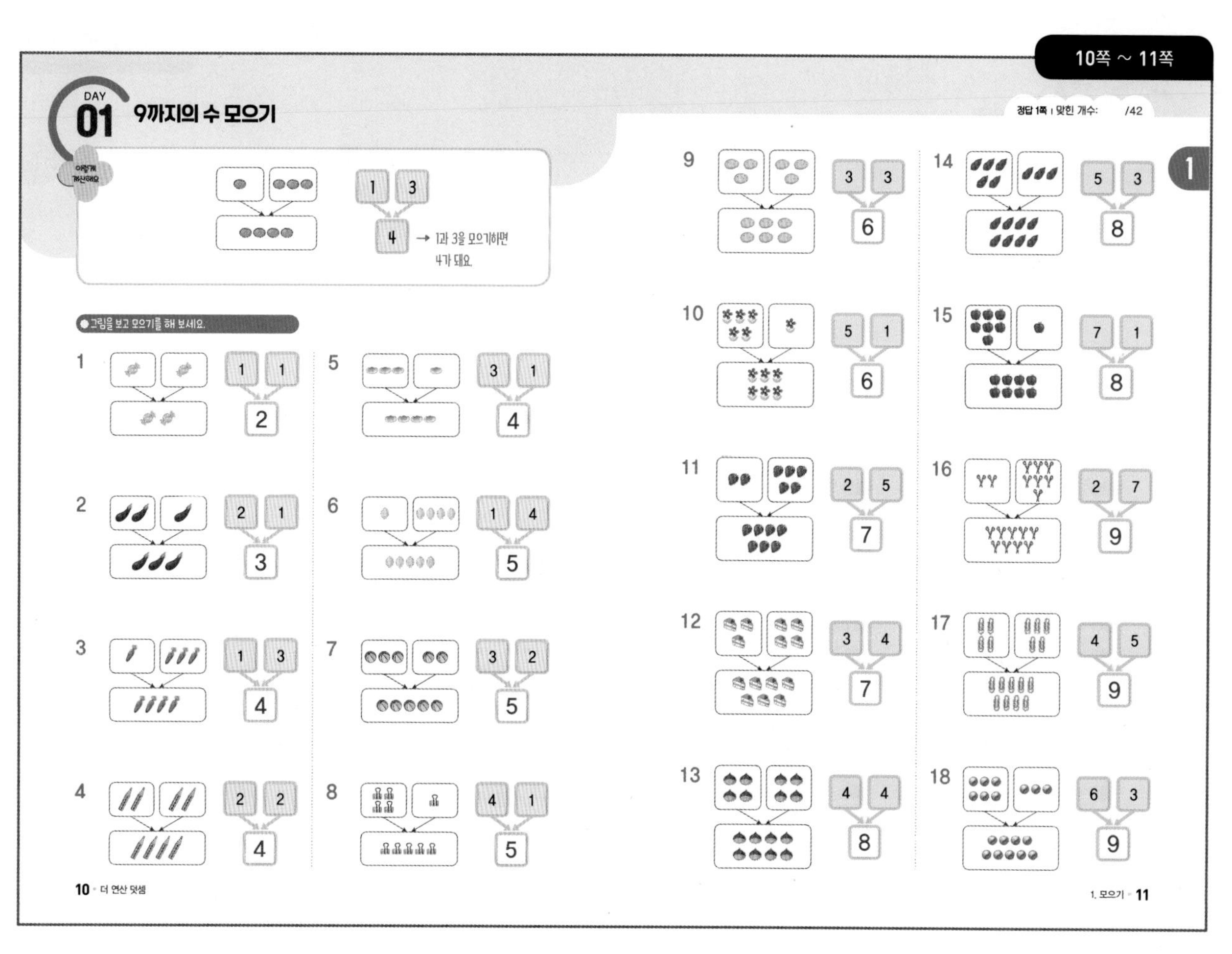
10쪽 ~ 11쪽

DAY 01 9까지의 수 모으기

정답 1쪽 | 맞힌 개수: /42

이렇게 계산해요

1 3 → 4 → 1과 3을 모으기하면 4가 돼요.

● 그림을 보고 모으기를 해 보세요.

1. 1, 1 → 2
2. 2, 1 → 3
3. 1, 3 → 4
4. 2, 2 → 4
5. 3, 1 → 4
6. 1, 4 → 5
7. 3, 2 → 5
8. 4, 1 → 5
9. 3, 3 → 6
10. 5, 1 → 6
11. 2, 5 → 7
12. 3, 4 → 7
13. 4, 4 → 8
14. 5, 3 → 8
15. 7, 1 → 8
16. 2, 7 → 9
17. 4, 5 → 9
18. 6, 3 → 9

10 · 더 연산 덧셈   1. 모으기 · 11

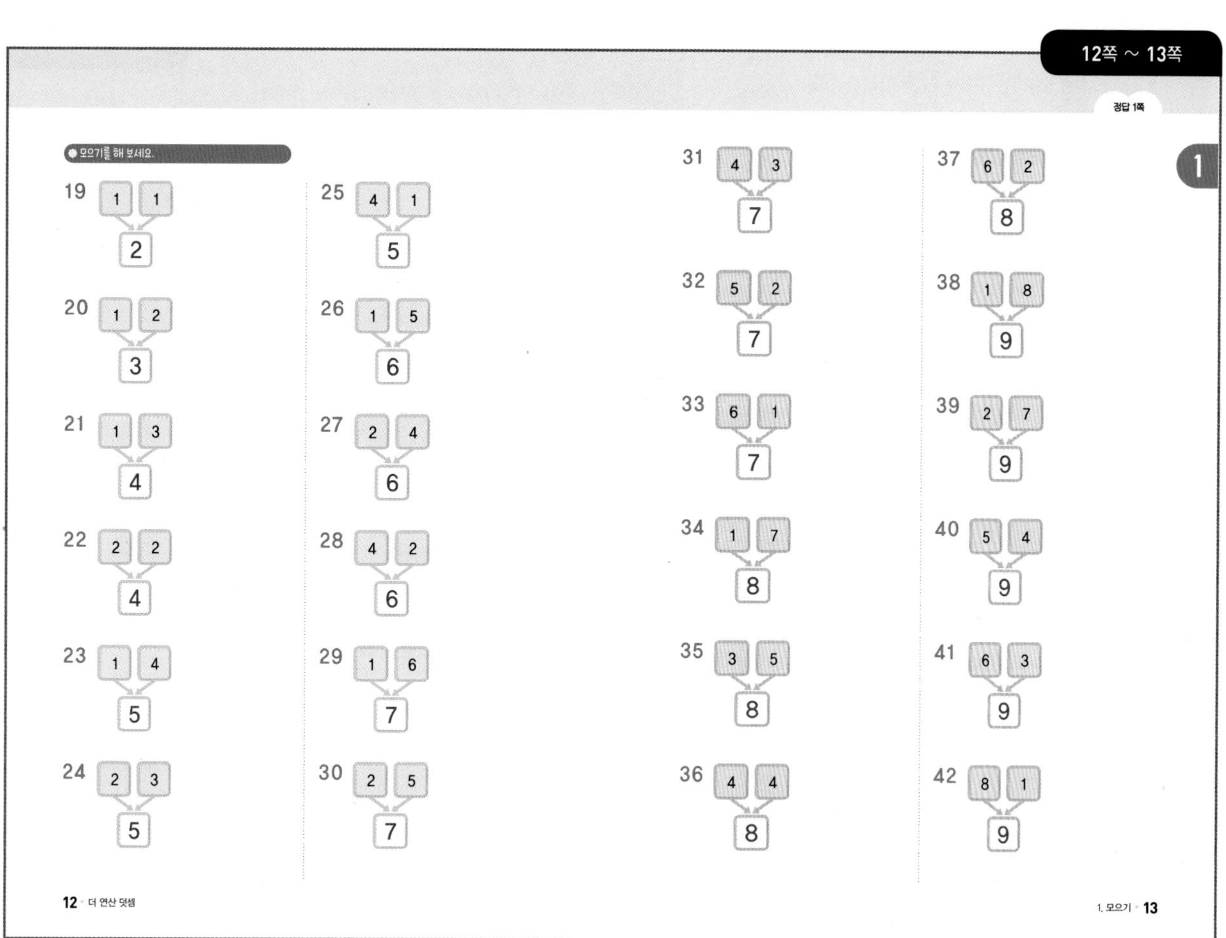
12쪽 ~ 13쪽

정답 1쪽

● 모으기를 해 보세요.

19. 1, 1 → 2
20. 1, 2 → 3
21. 1, 3 → 4
22. 2, 2 → 4
23. 1, 4 → 5
24. 2, 3 → 5
25. 4, 1 → 5
26. 1, 5 → 6
27. 2, 4 → 6
28. 4, 2 → 6
29. 1, 6 → 7
30. 2, 5 → 7
31. 4, 3 → 7
32. 5, 2 → 7
33. 6, 1 → 7
34. 1, 7 → 8
35. 3, 5 → 8
36. 4, 4 → 8
37. 6, 2 → 8
38. 1, 8 → 9
39. 2, 7 → 9
40. 5, 4 → 9
41. 6, 3 → 9
42. 8, 1 → 9

12 · 더 연산 덧셈   1. 모으기 · 13

14쪽 ~ 15쪽

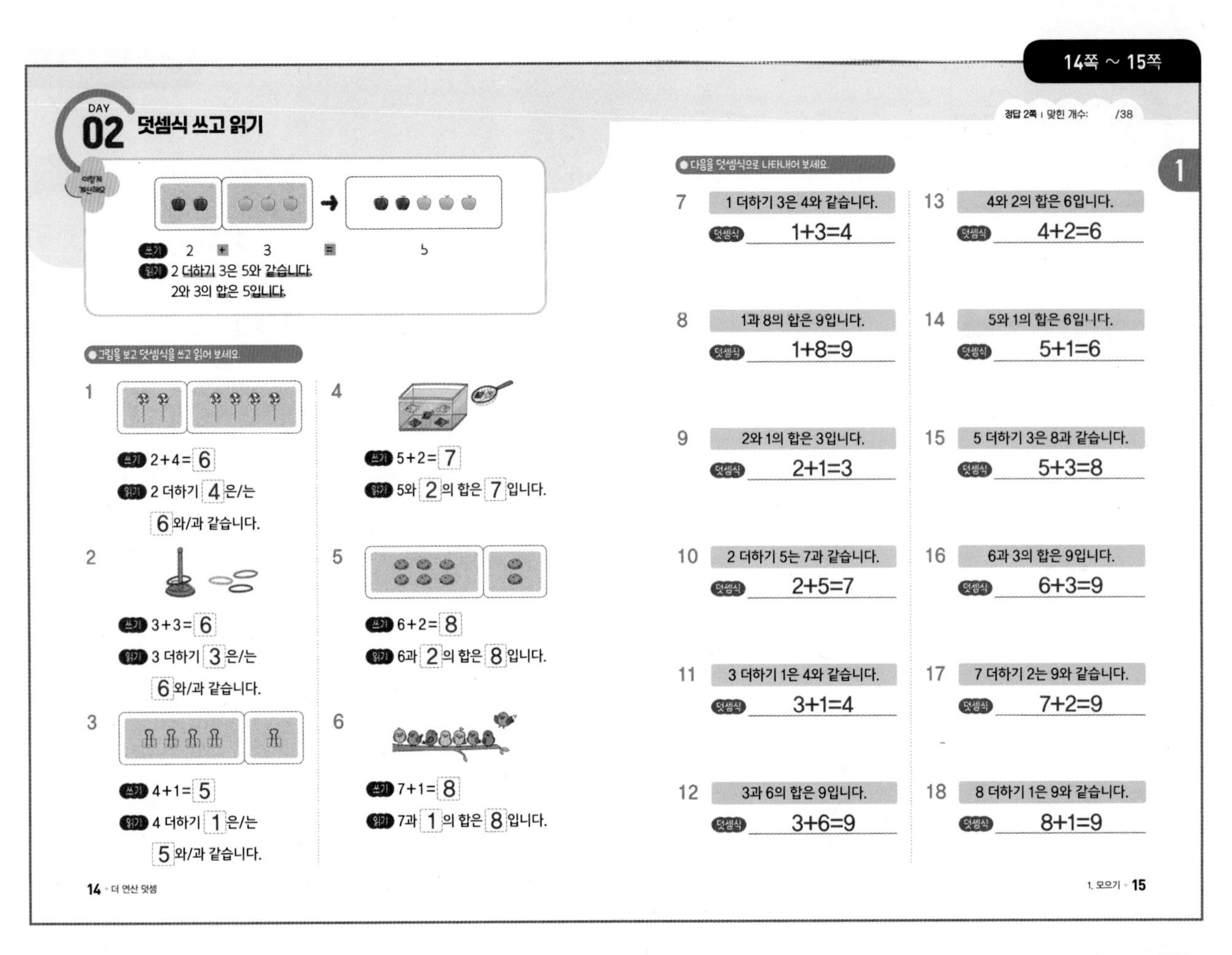

16쪽 ~ 17쪽

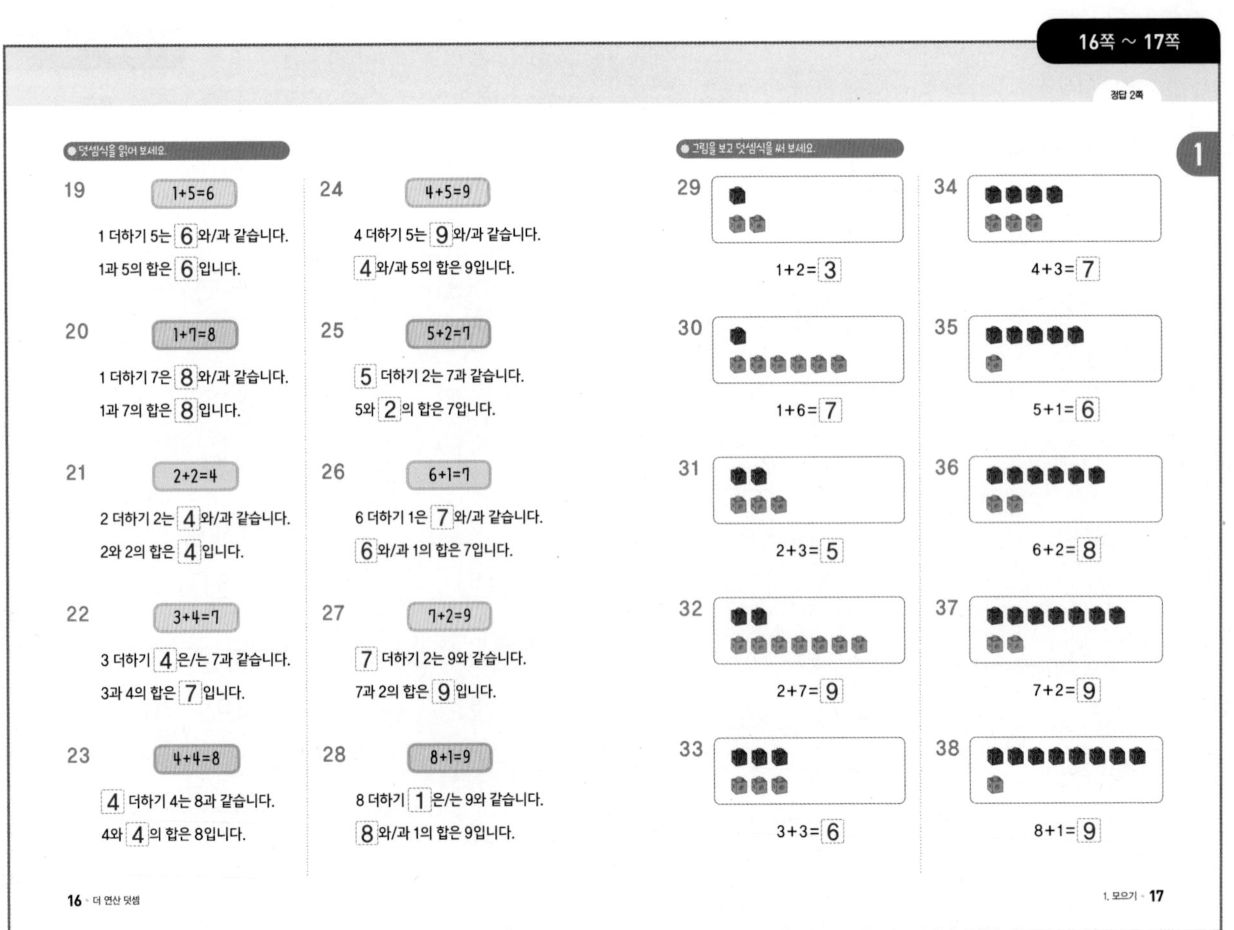

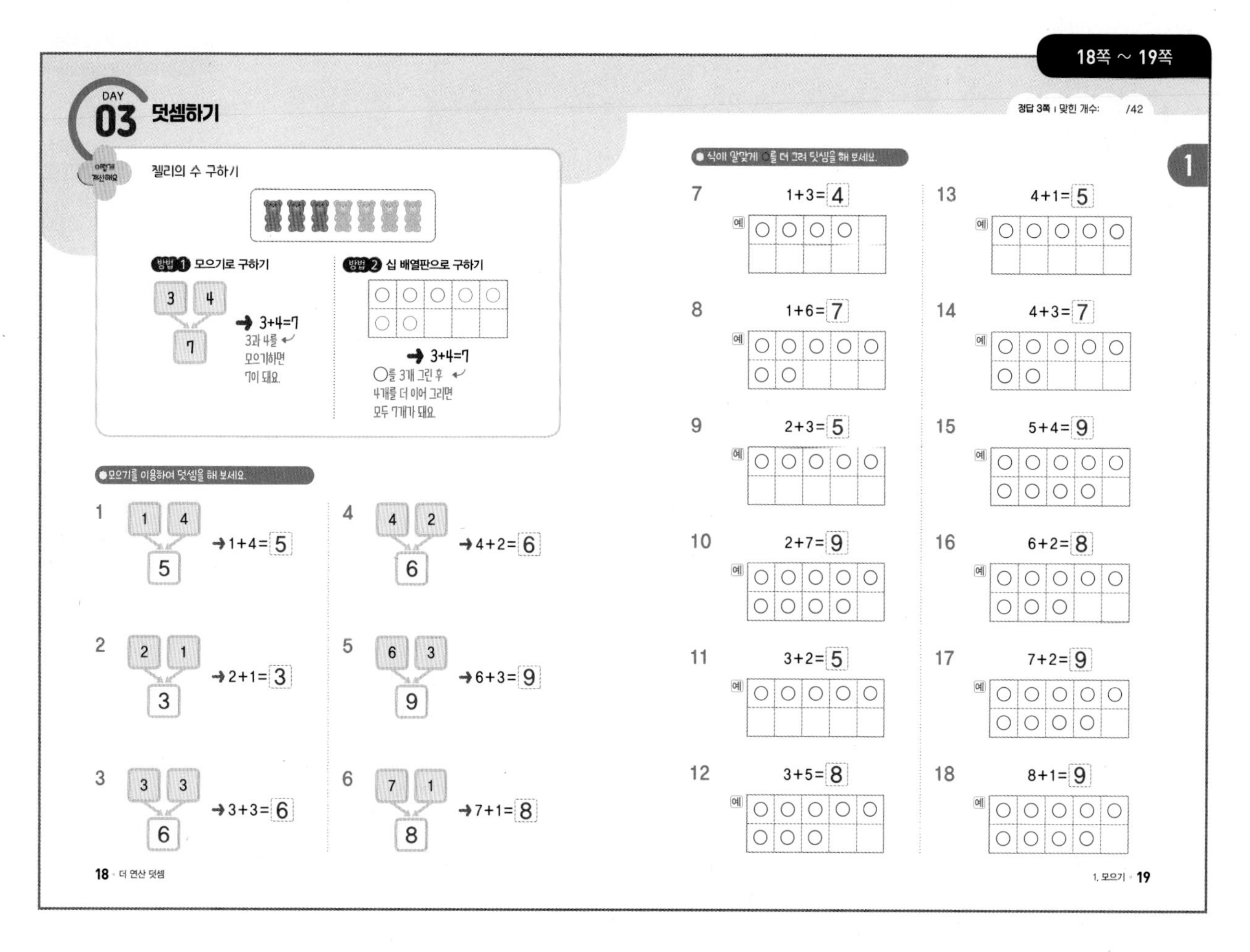

18쪽 ~ 19쪽

DAY 03 덧셈하기

정답 3쪽 | 맞힌 개수: /42

어떻게 계산하나요

젤리의 수 구하기

방법 1 모으기로 구하기

3, 4 → 7

→ 3+4=7

3과 4를 모으기하면 7이 돼요.

방법 2 십 배열판으로 구하기

→ 3+4=7

○를 3개 그린 후 4개를 더 이어 그리면 모두 7개가 돼요.

● 모으기를 이용하여 덧셈을 해 보세요.

1 1, 4 → 5 → 1+4=5

2 2, 1 → 3 → 2+1=3

3 3, 3 → 6 → 3+3=6

4 4, 2 → 6 → 4+2=6

5 6, 3 → 9 → 6+3=9

6 7, 1 → 8 → 7+1=8

18 · 더 연산 덧셈

● 식에 알맞게 ○를 더 그려 덧셈을 해 보세요.

7 1+3=4

8 1+6=7

9 2+3=5

10 2+7=9

11 3+2=5

12 3+5=8

13 4+1=5

14 4+3=7

15 5+4=9

16 6+2=8

17 7+2=9

18 8+1=9

1. 모으기 · 19

20쪽 ~ 21쪽

정답 3쪽

● 덧셈을 해 보세요.

19 0+3=3

20 0+5=5

21 1+1=2

22 1+5=6

23 1+7=8

24 2+2=4

25 2+4=6

26 2+5=7

27 3+0=3

28 3+1=4

29 3+6=9

30 4+1=5

31 4+3=7

32 4+4=8

33 4+5=9

34 5+1=6

35 5+2=7

36 5+3=8

37 6+1=7

38 6+2=8

39 6+3=9

40 7+1=8

41 7+2=9

42 8+0=8

20 · 더 연산 덧셈

1. 모으기 · 21

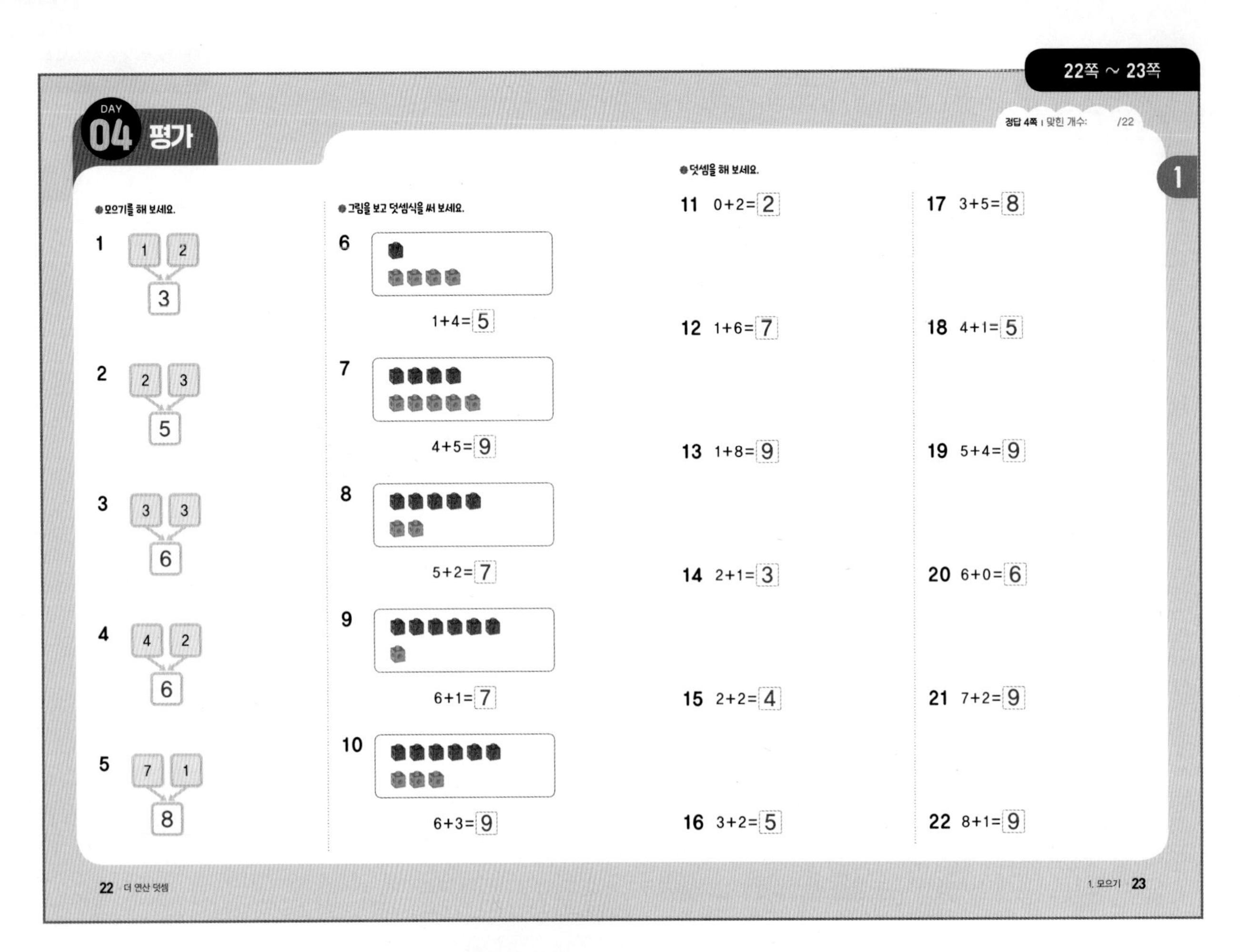
22쪽 ~ 23쪽

DAY 04 평가

정답 4쪽 | 맞힌 개수: /22

● 모으기를 해 보세요.

1 1, 2 → 3

2 2, 3 → 5

3 3, 3 → 6

4 4, 2 → 6

5 7, 1 → 8

● 그림을 보고 덧셈식을 써 보세요.

6 1+4=5

7 4+5=9

8 5+2=7

9 6+1=7

10 6+3=9

● 덧셈을 해 보세요.

11 0+2=2

12 1+6=7

13 1+8=9

14 2+1=3

15 2+2=4

16 3+2=5

17 3+5=8

18 4+1=5

19 5+4=9

20 6+0=6

21 7+2=9

22 8+1=9

22 더 연산 덧셈

1. 모으기 23

24쪽

정답 4쪽

숨은그림 찾기

숨은 그림 8개를 찾아보세요.

24 더 연산 덧셈

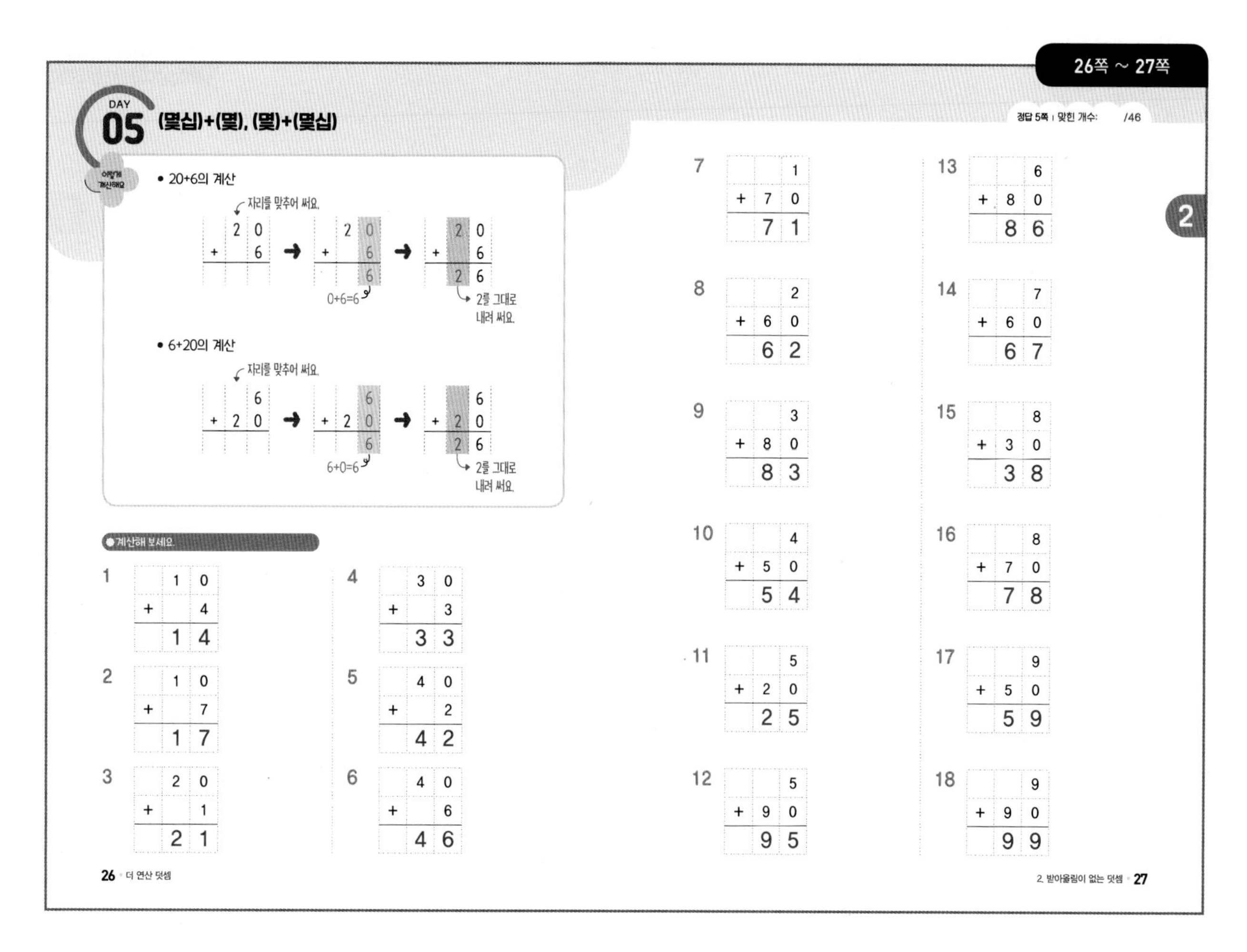

26쪽 ~ 27쪽

DAY 05 (몇십)+(몇), (몇)+(몇십)

정답 5쪽 | 맞힌 개수: /46

어떻게 계산해요

• 20+6의 계산

자리를 맞추어 써요.

20 + 6 → 0+6=6 → 26 (2를 그대로 내려 써요.)

• 6+20의 계산

자리를 맞추어 써요.

6 + 20 → 6+0=6 → 26 (2를 그대로 내려 써요.)

● 계산해 보세요.

1. 10 + 4 = 14
2. 10 + 7 = 17
3. 20 + 1 = 21
4. 30 + 3 = 33
5. 40 + 2 = 42
6. 40 + 6 = 46
7. 1 + 70 = 71
8. 2 + 60 = 62
9. 3 + 80 = 83
10. 4 + 50 = 54
11. 5 + 20 = 25
12. 5 + 90 = 95
13. 6 + 80 = 86
14. 7 + 60 = 67
15. 8 + 30 = 38
16. 8 + 70 = 78
17. 9 + 50 = 59
18. 9 + 90 = 99

26 · 더 연산 덧셈

2. 받아올림이 없는 덧셈 · 27

28쪽 ~ 29쪽

정답 5쪽

19. 10 + 3 = 13
20. 10 + 6 = 16
21. 20 + 2 = 22
22. 20 + 7 = 27
23. 20 + 8 = 28
24. 30 + 5 = 35
25. 1 + 30 = 31
26. 1 + 80 = 81
27. 2 + 70 = 72
28. 3 + 40 = 43
29. 3 + 90 = 93
30. 4 + 30 = 34
31. 30+6=36
32. 40+8=48
33. 50+1=51
34. 50+2=52
35. 60+3=63
36. 70+7=77
37. 80+8=88
38. 90+6=96
39. 4+60=64
40. 4+80=84
41. 5+40=45
42. 6+70=76
43. 7+50=57
44. 8+90=98
45. 9+30=39
46. 9+80=89

28 · 더 연산 덧셈

2. 받아올림이 없는 덧셈 · 29

30쪽 ~ 31쪽

DAY 06 (몇십몇)+(몇), (몇)+(몇십몇)

정답 6쪽 | 맞힌 개수: /46

• 43+5의 계산

43 + 5 → 3+5=8 → 4를 그대로 내려 써요. 48

• 5+43의 계산

5 + 43 → 5+3=8 → 4를 그대로 내려 써요. 48

● 계산해 보세요.

1. 11 + 7 = 18
2. 15 + 4 = 19
3. 22 + 3 = 25
4. 34 + 2 = 36
5. 35 + 3 = 38
6. 48 + 1 = 49
7. 1 + 27 = 28
8. 1 + 84 = 85
9. 2 + 61 = 63
10. 3 + 55 = 58
11. 3 + 86 = 89
12. 4 + 44 = 48
13. 4 + 72 = 76
14. 4 + 91 = 95
15. 5 + 64 = 69
16. 5 + 74 = 79
17. 6 + 53 = 59
18. 6 + 92 = 98

30 · 더 연산 덧셈 2. 받아올림이 없는 덧셈 · 31

32쪽 ~ 33쪽

정답 6쪽

19. 12 + 3 = 15
20. 14 + 5 = 19
21. 21 + 8 = 29
22. 25 + 3 = 28
23. 33 + 6 = 39
24. 37 + 2 = 39
25. 1 + 17 = 18
26. 1 + 54 = 55
27. 1 + 71 = 72
28. 2 + 36 = 38
29. 2 + 65 = 67
30. 2 + 94 = 96
31. 41+7=48
32. 45+4=49
33. 51+5=56
34. 56+2=58
35. 62+7=69
36. 73+1=74
37. 87+2=89
38. 96+1=97
39. 3+13=16
40. 3+65=68
41. 4+63=67
42. 4+82=86
43. 5+93=98
44. 6+62=68
45. 7+21=28
46. 8+71=79

32 · 더 연산 덧셈 2. 받아올림이 없는 덧셈 · 33

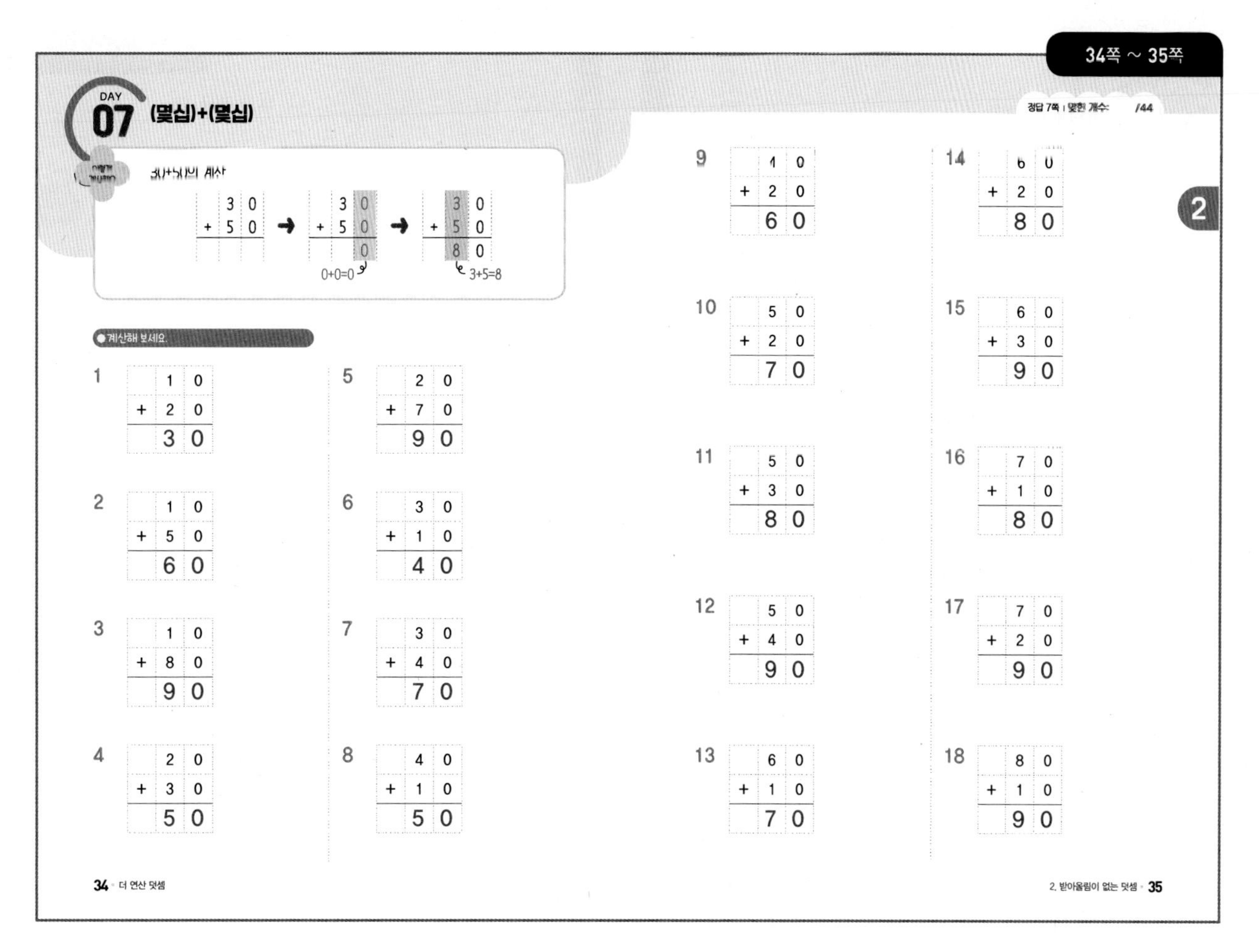

34쪽 ~ 35쪽

DAY 07 (몇십)+(몇십)

정답 7쪽 | 맞힌 개수: /44

30+50의 계산

30 + 50 → 0+0=0 → 3+5=8 → 80

● 계산해 보세요.

1. 10 + 20 = 30
2. 10 + 50 = 60
3. 10 + 80 = 90
4. 20 + 30 = 50
5. 20 + 70 = 90
6. 30 + 10 = 40
7. 30 + 40 = 70
8. 40 + 10 = 50
9. 40 + 20 = 60
10. 50 + 20 = 70
11. 50 + 30 = 80
12. 50 + 40 = 90
13. 60 + 10 = 70
14. 60 + 20 = 80
15. 60 + 30 = 90
16. 70 + 10 = 80
17. 70 + 20 = 90
18. 80 + 10 = 90

34 · 더 연산 덧셈

2. 받아올림이 없는 덧셈 · 35

36쪽 ~ 37쪽

정답 7쪽

19. 10 + 10 = 20
20. 10 + 30 = 40
21. 10 + 40 = 50
22. 10 + 60 = 70
23. 10 + 70 = 80
24. 20 + 20 = 40
25. 20 + 40 = 60
26. 20 + 50 = 70
27. 20 + 60 = 80
28. 30 + 20 = 50

29. 30+30=60
30. 30+60=90
31. 40+20=60
32. 40+30=70
33. 40+40=80
34. 40+50=90
35. 50+10=60
36. 50+20=70
37. 50+30=80
38. 50+40=90
39. 60+10=70
40. 60+20=80
41. 60+30=90
42. 70+10=80
43. 70+20=90
44. 80+10=90

36 · 더 연산 덧셈

2. 받아올림이 없는 덧셈 · 37

38쪽 ~ 39쪽

DAY 08 (몇십몇)+(몇십몇)

정답 8쪽 | 맞힌 개수: /48

이렇게 계산해요

15+12의 계산

 15
+12
→
 15
+12
  7
5+2=7
→
 15
+12
 27
1+1=2

● 계산해 보세요.

1
 13
+21
 34

2
 14
+54
 68

3
 17
+42
 59

4
 21
+53
 74

5
 24
+64
 88

6
 26
+31
 57

7
 35
+12
 47

8
 36
+23
 59

9
 38
+61
 99

10
 43
+22
 65

11
 46
+32
 78

12
 51
+18
 69

13
 52
+23
 75

14
 57
+42
 99

15
 64
+11
 75

16
 67
+32
 99

17
 73
+14
 87

18
 76
+22
 98

19
 81
+13
 94

20
 85
+11
 96

38 · 더 연산 덧셈

2. 받아올림이 없는 덧셈 · 39

40쪽 ~ 41쪽

정답 8쪽

21
 11
+27
 38

22
 13
+42
 55

23
 15
+34
 49

24
 17
+71
 88

25
 22
+33
 55

26
 25
+42
 67

27
 26
+63
 89

28
 27
+52
 79

29
 31
+14
 45

30
 34
+35
 69

31
 36
+21
 57

32
 38
+51
 89

33 42+16=58

34 44+22=66

35 46+31=77

36 47+52=99

37 52+17=69

38 53+42=95

39 57+31=88

40 63+21=84

41 66+33=99

42 67+11=78

43 71+24=95

44 74+13=87

45 75+22=97

46 82+11=93

47 83+16=99

48 86+12=98

40 · 더 연산 덧셈

2. 받아올림이 없는 덧셈 · 41

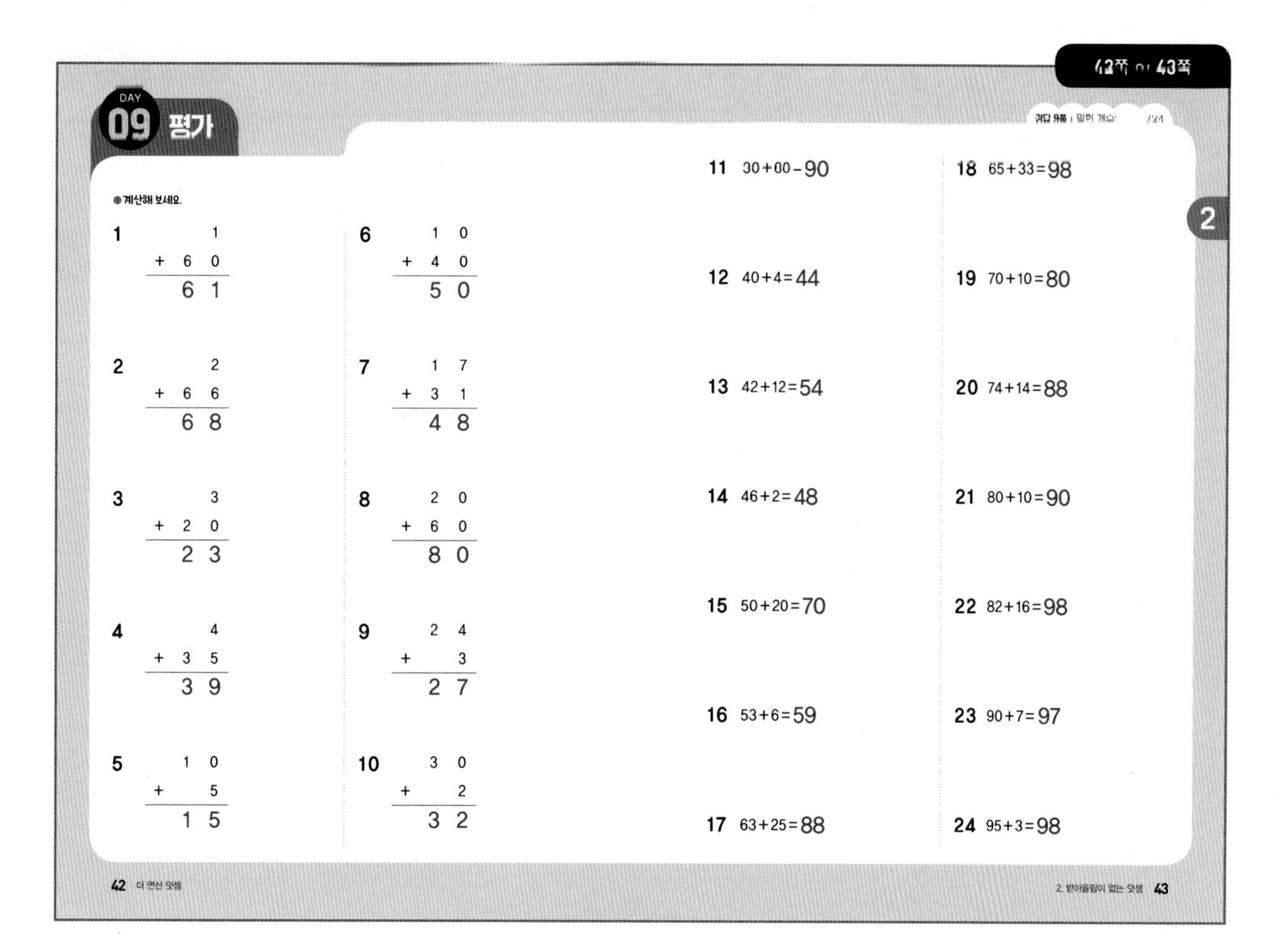

42쪽 ~ 43쪽

DAY 09 평가

정답 9쪽 | 맞힌 개수: /24

● 계산해 보세요.

1 $\begin{array}{r} 1 \\ +\ 6\ 0 \\ \hline 6\ 1 \end{array}$

2 $\begin{array}{r} 2 \\ +\ 6\ 6 \\ \hline 6\ 8 \end{array}$

3 $\begin{array}{r} 3 \\ +\ 2\ 0 \\ \hline 2\ 3 \end{array}$

4 $\begin{array}{r} 4 \\ +\ 3\ 5 \\ \hline 3\ 9 \end{array}$

5 $\begin{array}{r} 1\ 0 \\ +\ \ \ 5 \\ \hline 1\ 5 \end{array}$

6 $\begin{array}{r} 1\ 0 \\ +\ 4\ 0 \\ \hline 5\ 0 \end{array}$

7 $\begin{array}{r} 1\ 7 \\ +\ 3\ 1 \\ \hline 4\ 8 \end{array}$

8 $\begin{array}{r} 2\ 0 \\ +\ 6\ 0 \\ \hline 8\ 0 \end{array}$

9 $\begin{array}{r} 2\ 4 \\ +\ \ \ 3 \\ \hline 2\ 7 \end{array}$

10 $\begin{array}{r} 3\ 0 \\ +\ \ \ 2 \\ \hline 3\ 2 \end{array}$

11 30+60=90

12 40+4=44

13 42+12=54

14 46+2=48

15 50+20=70

16 53+6=59

17 63+25=88

18 65+33=98

19 70+10=80

20 74+14=88

21 80+10=90

22 82+16=98

23 90+7=97

24 95+3=98

42 더 연산 덧셈

2. 받아올림이 없는 덧셈 43

44쪽

정답 9쪽

숨은그림 찾기

» 숨은 그림 8개를 찾아보세요.

44 더 연산 덧셈

정답

46쪽 ~ 47쪽

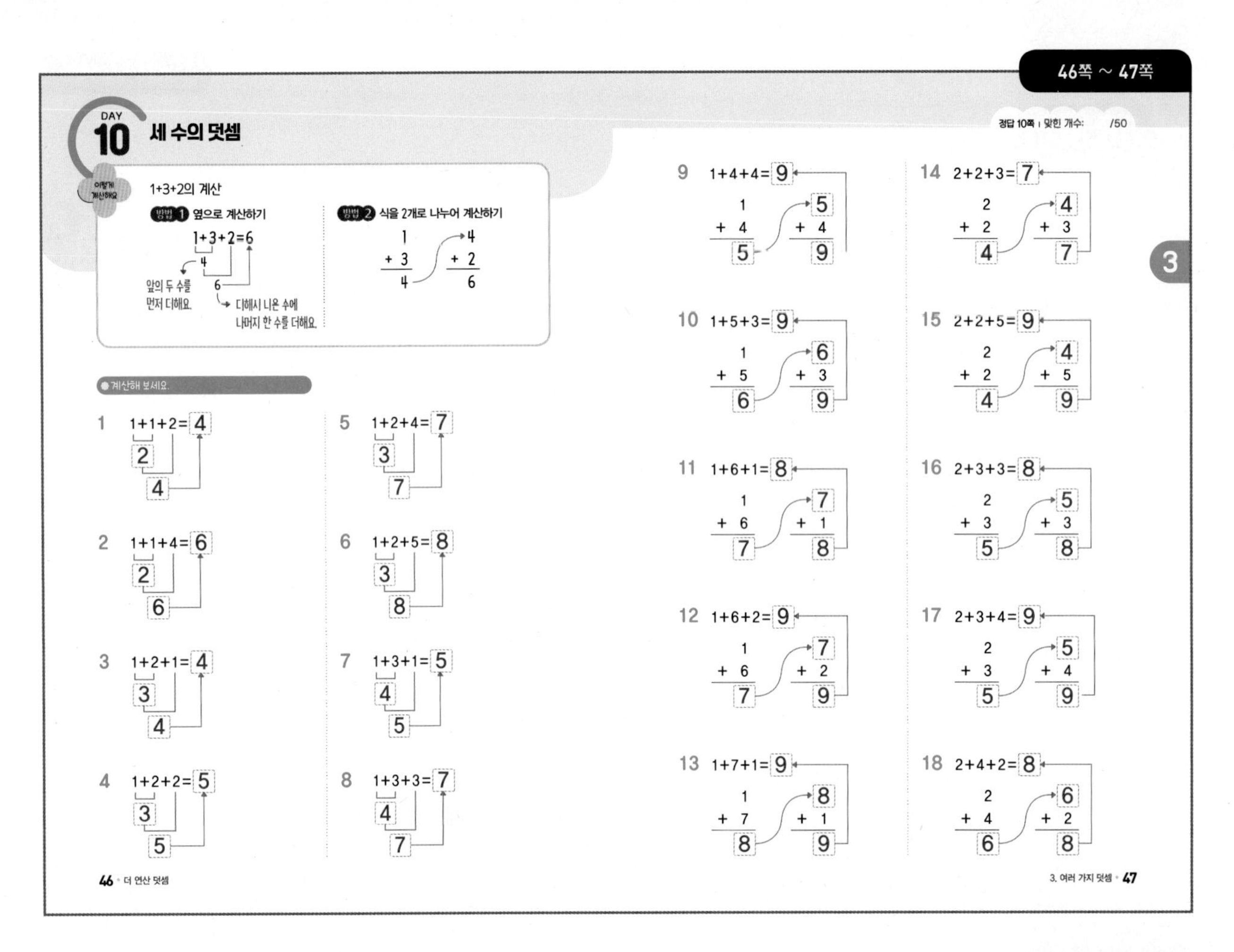

DAY 10 세 수의 덧셈

정답 10쪽 | 맞힌 개수: /50

이렇게 계산해요

1+3+2의 계산

방법 1 옆으로 계산하기

1+3+2=6

앞의 두 수를 먼저 더해요. 4, 6 더해서 나온 수에 나머지 한 수를 더해요.

방법 2 식을 2개로 나누어 계산하기

1 + 3 = 4, 4 + 2 = 6

● 계산해 보세요.

1 1+1+2=4 (2, 4)

2 1+1+4=6 (2, 6)

3 1+2+1=4 (3, 4)

4 1+2+2=5 (3, 5)

5 1+2+4=7 (3, 7)

6 1+2+5=8 (3, 8)

7 1+3+1=5 (4, 5)

8 1+3+3=7 (4, 7)

9 1+4+4=9 (1+4=5, 5+4=9)

10 1+5+3=9 (1+5=6, 6+3=9)

11 1+6+1=8 (1+6=7, 7+1=8)

12 1+6+2=9 (1+6=7, 7+2=9)

13 1+7+1=9 (1+7=8, 8+1=9)

14 2+2+3=7 (2+2=4, 4+3=7)

15 2+2+5=9 (2+2=4, 4+5=9)

16 2+3+3=8 (2+3=5, 5+3=8)

17 2+3+4=9 (2+3=5, 5+4=9)

18 2+4+2=8 (2+4=6, 6+2=8)

46 • 더 연산 덧셈 | 3. 여러 가지 덧셈 • 47

48쪽 ~ 49쪽

정답 10쪽

19 1+1+1=3

20 1+1+5=7

21 1+2+1=4

22 1+2+2=5

23 1+3+1=5

24 2+1+6=9

25 2+2+2=6

26 2+3+2=7

27 2+4+1=7

28 2+5+2=9

29 3+1+2=6

30 3+1+4=8

31 3+2+2=7

32 3+2+3=8

33 3+3+1=7

34 3+3+3=9

35 3+5+1=9

36 4+1+1=6

37 4+1+2=7

38 4+1+3=8

39 4+1+4=9

40 4+2+2=8

41 4+3+2=9

42 4+4+1=9

43 5+1+1=7

44 5+1+3=9

45 5+2+1=8

46 5+2+2=9

47 5+3+1=9

48 6+1+1=8

49 6+1+2=9

50 7+1+1=9

48 • 더 연산 덧셈 | 3. 여러 가지 덧셈 • 49

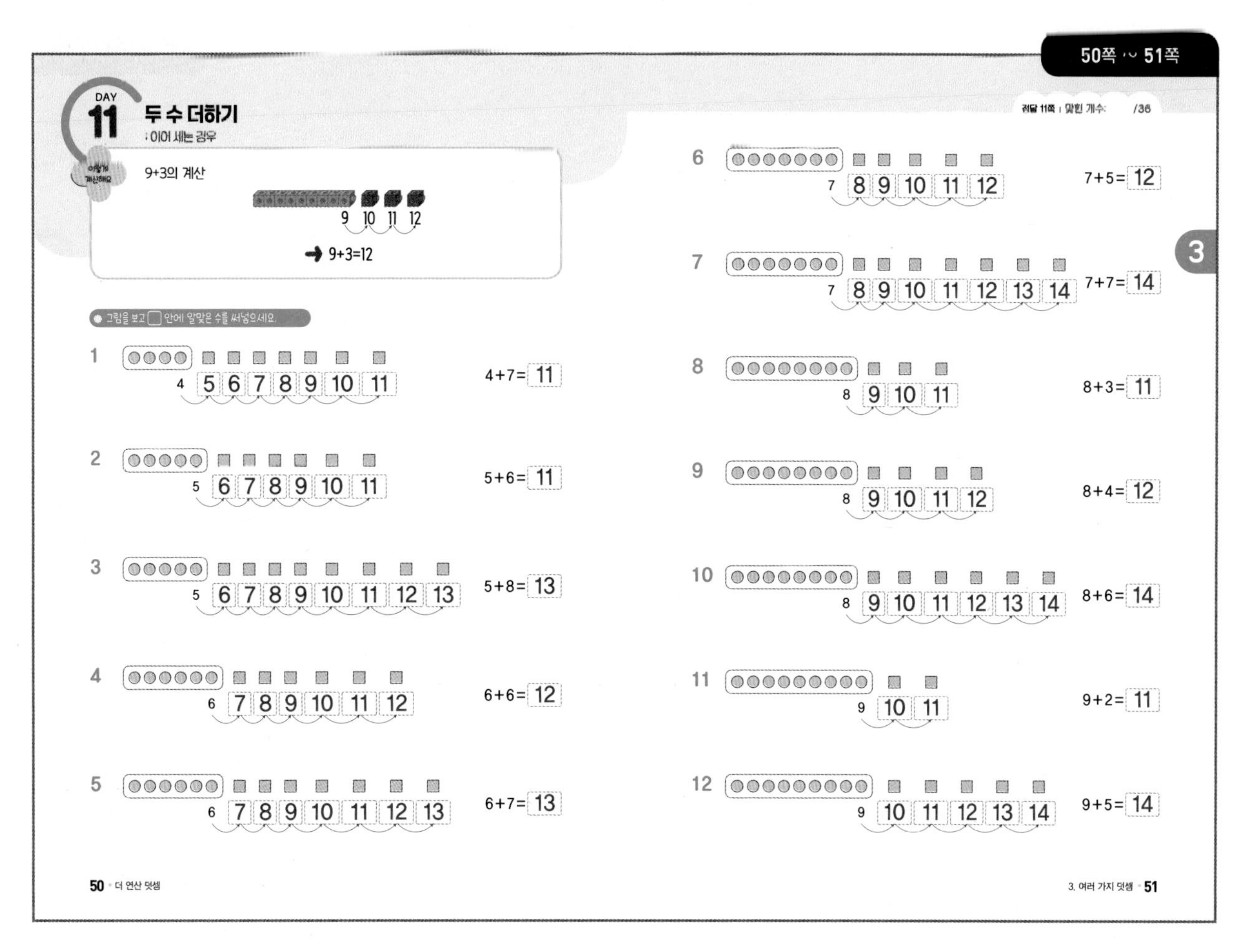

50쪽 ~ 51쪽

DAY 11 두 수 더하기 : 이어 세는 경우

정답 11쪽 | 맞힌 개수: /36

9+3의 계산

9 10 11 12

→ 9+3=12

● 그림을 보고 □ 안에 알맞은 수를 써넣으세요.

1. 4 5 6 7 8 9 10 11 — 4+7= 11
2. 5 6 7 8 9 10 11 — 5+6= 11
3. 5 6 7 8 9 10 11 12 13 — 5+8= 13
4. 6 7 8 9 10 11 12 — 6+6= 12
5. 6 7 8 9 10 11 12 13 — 6+7= 13
6. 7 8 9 10 11 12 — 7+5= 12
7. 7 8 9 10 11 12 13 14 — 7+7= 14
8. 8 9 10 11 — 8+3= 11
9. 8 9 10 11 12 — 8+4= 12
10. 8 9 10 11 12 13 14 — 8+6= 14
11. 9 10 11 — 9+2= 11
12. 9 10 11 12 13 14 — 9+5= 14

50 · 더 연산 덧셈 | 3. 여러 가지 덧셈 · 51

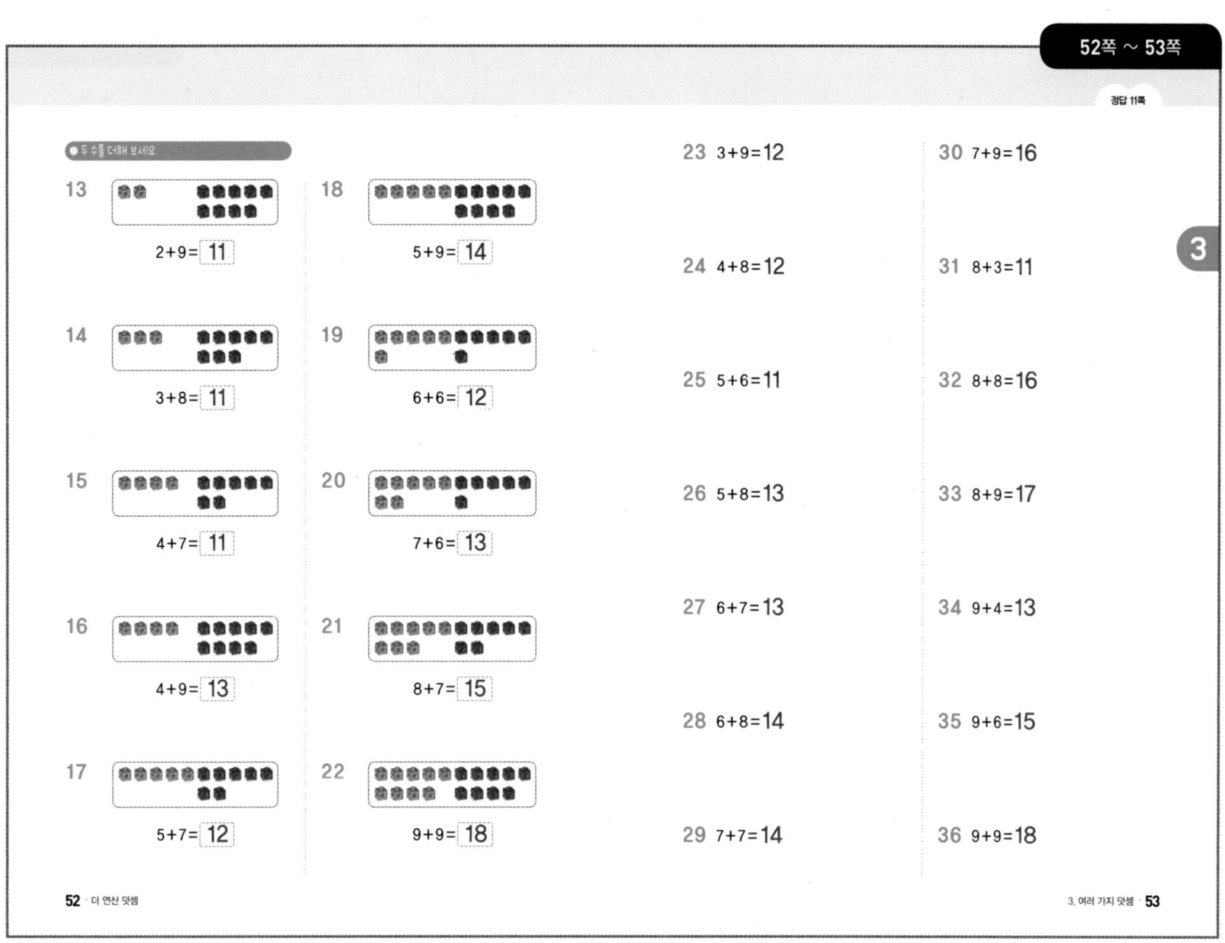

52쪽 ~ 53쪽

정답 11쪽

● 두 수를 더해 보세요.

13. 2+9= 11
14. 3+8= 11
15. 4+7= 11
16. 4+9= 13
17. 5+7= 12
18. 5+9= 14
19. 6+6= 12
20. 7+6= 13
21. 8+7= 15
22. 9+9= 18
23. 3+9=12
24. 4+8=12
25. 5+6=11
26. 5+8=13
27. 6+7=13
28. 6+8=14
29. 7+7=14
30. 7+9=16
31. 8+3=11
32. 8+8=16
33. 8+9=17
34. 9+4=13
35. 9+6=15
36. 9+9=18

52 · 더 연산 덧셈 | 3. 여러 가지 덧셈 · 53

정답

54쪽 ~ 55쪽

DAY 12 **두 수 더하기** : 두 수를 바꾸어 더하는 경우

정답 12쪽 | 맞힌 개수: /40

이렇게 계산해요 4+7과 7+4의 계산 결과 비교하기

4+7=11

7+4=11

두 수를 바꾸어 더해도 합이 같아요.

● 두 수를 바꾸어 더해 보세요.

1 3+8=11, 8+3=11

2 3+9=12, 9+3=12

3 4+8=12, 8+4=12

4 4+9=13, 9+4=13

5 5+6=11, 6+5=11

6 5+8=13, 8+5=13

7 6+7=13, 7+6=13

8 6+9=15, 9+6=15

9 7+5=12, 5+7=12

10 8+6=14, 6+8=14

11 8+7=15, 7+8=15

12 9+2=11, 2+9=11

13 9+3=12, 3+9=12

14 9+5=14, 5+9=14

54 · 더 연산 덧셈 3. 여러 가지 덧셈 · 55

56쪽 ~ 57쪽

정답 12쪽

● □ 안에 알맞은 수를 써넣으세요.

15 2+9=9+2

16 3+8=8+3

17 4+7=7+4

18 4+8=8+4

19 4+9=9+4

20 5+6=6+5

21 5+7=7+5

22 5+9=9+5

23 6+7=7+6

24 6+8=8+6

25 7+9=9+7

26 8+7=7+8

27 9+3=3+9

28 9+8=8+9

● 두 수를 바꾸어 더해 보세요.

29 3+9=12, 9+3=12

30 4+8=12, 8+4=12

31 5+6=11, 6+5=11

32 6+7=13, 7+6=13

33 6+9=15, 9+6=15

34 7+4=11, 4+7=11

35 7+8=15, 8+7=15

36 8+3=11, 3+8=11

37 8+5=13, 5+8=13

38 8+6=14, 6+8=14

39 9+2=11, 2+9=11

40 9+7=16, 7+9=16

56 · 더 연산 덧셈 3. 여러 가지 덧셈 · 57

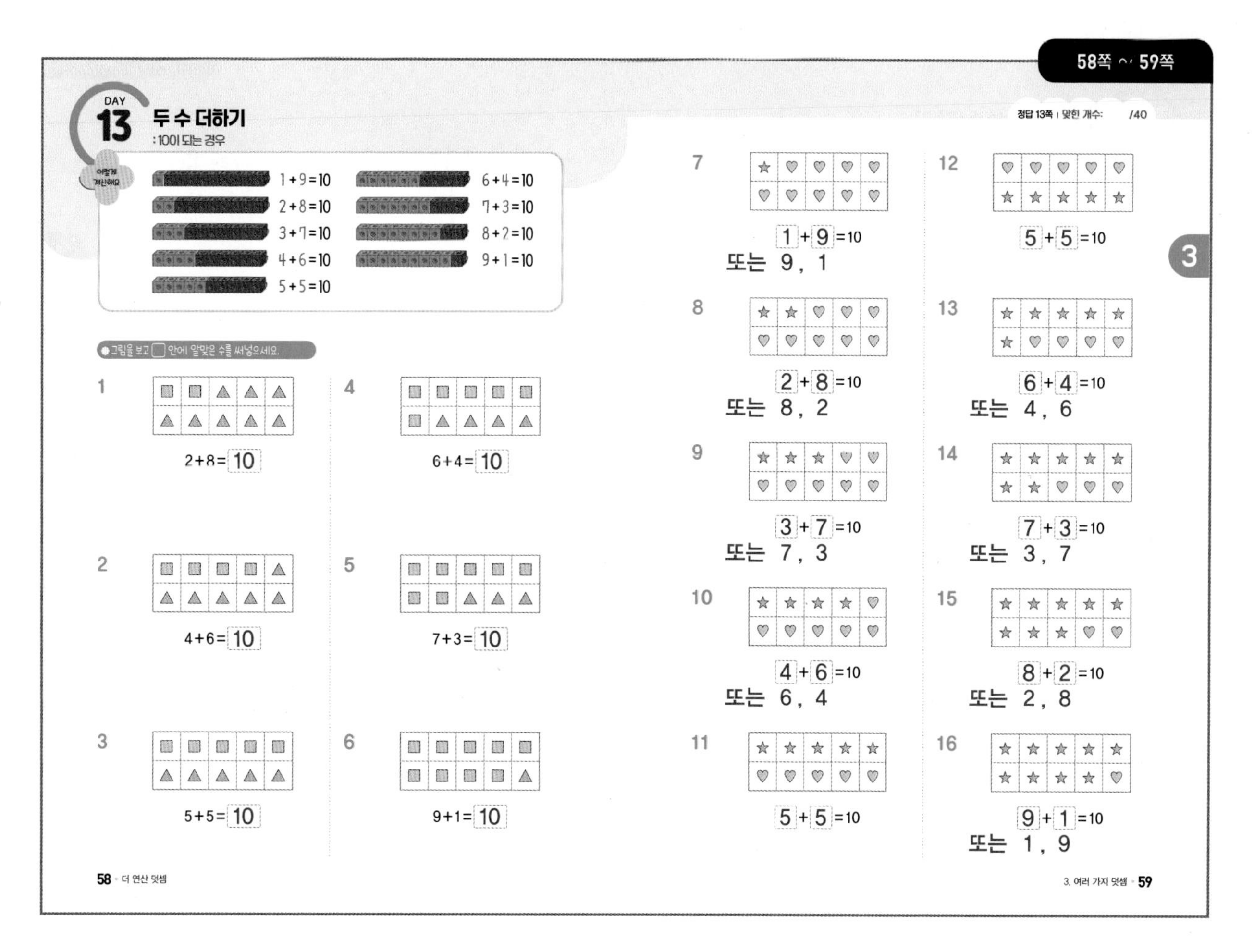
58쪽 ~ 59쪽
DAY 13 두 수 더하기
: 10이 되는 경우
정답 13쪽 | 맞힌 개수: /40
1+9=10
2+8=10
3+7=10
4+6=10
5+5=10
6+4=10
7+3=10
8+2=10
9+1=10
그림을 보고 안에 알맞은 수를 써넣으세요.
1 2+8=10
2 4+6=10
3 5+5=10
4 6+4=10
5 7+3=10
6 9+1=10
7 1+9=10 또는 9, 1
8 2+8=10 또는 8, 2
9 3+7=10 또는 7, 3
10 4+6=10 또는 6, 4
11 5+5=10
12 5+5=10
13 6+4=10 또는 4, 6
14 7+3=10 또는 3, 7
15 8+2=10 또는 2, 8
16 9+1=10 또는 1, 9
58 더 연산 덧셈
3. 여러 가지 덧셈 59

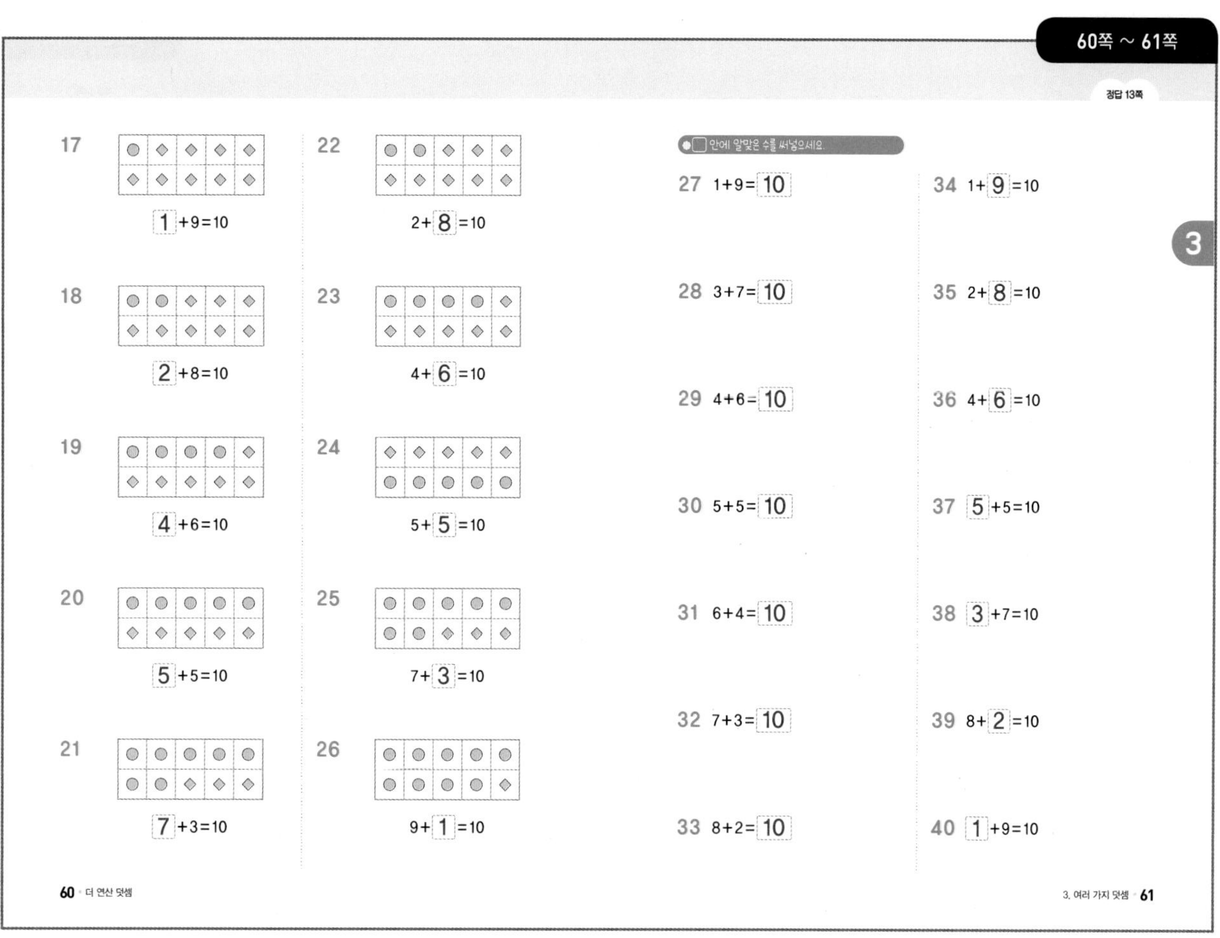
60쪽 ~ 61쪽
정답 13쪽
17 1+9=10
18 2+8=10
19 4+6=10
20 5+5=10
21 7+3=10
22 2+8=10
23 4+6=10
24 5+5=10
25 7+3=10
26 9+1=10
안에 알맞은 수를 써넣으세요.
27 1+9=10
28 3+7=10
29 4+6=10
30 5+5=10
31 6+4=10
32 7+3=10
33 8+2=10
34 1+9=10
35 2+8=10
36 4+6=10
37 5+5=10
38 3+7=10
39 8+2=10
40 1+9=10
60 더 연산 덧셈
3. 여러 가지 덧셈 61

정답

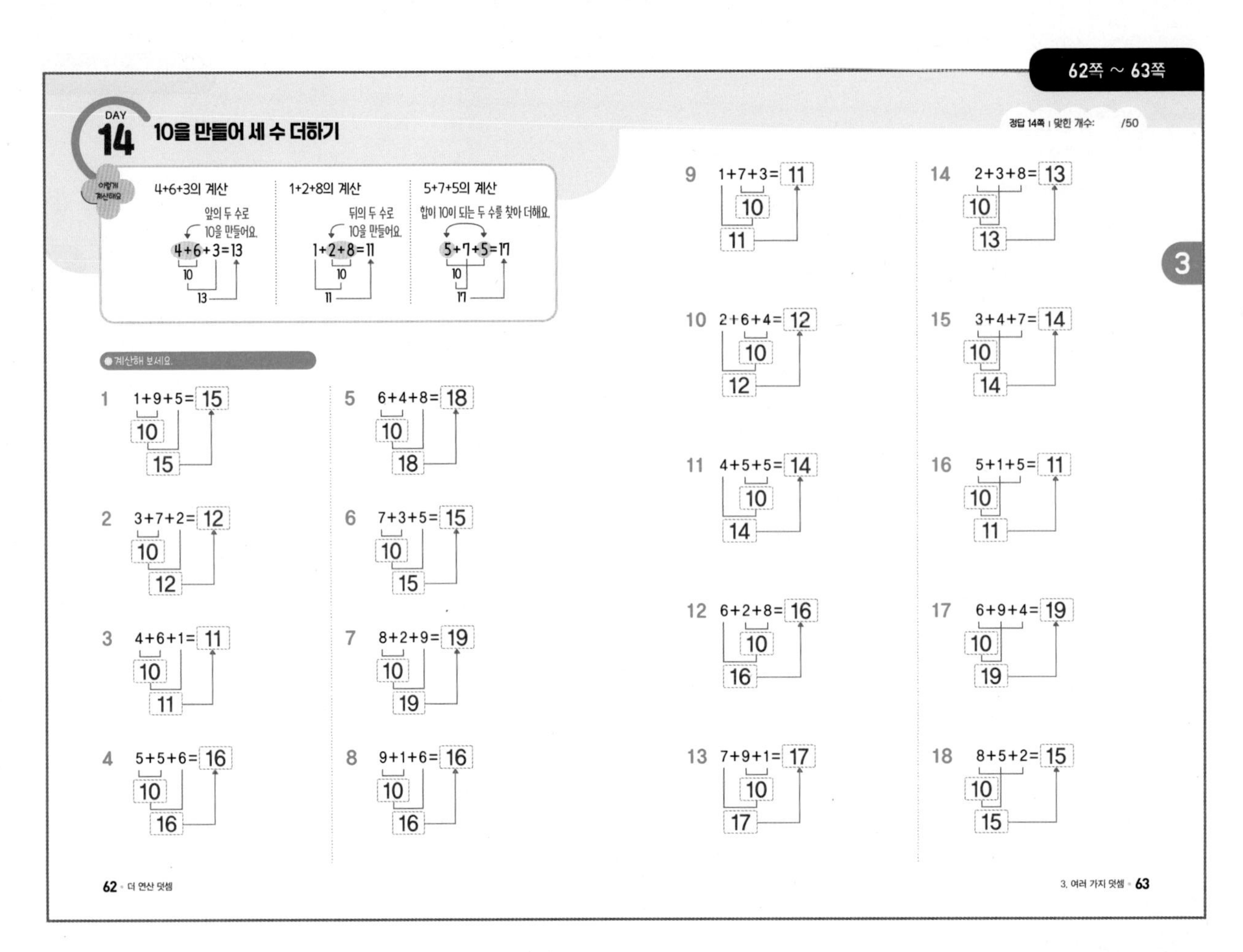
62쪽 ~ 63쪽

DAY 14 10을 만들어 세 수 더하기

정답 14쪽 | 맞힌 개수: /50

이렇게 계산해요

4+6+3의 계산: 앞의 두 수로 10을 만들어요. 4+6+3=13 (10, 13)

1+2+8의 계산: 뒤의 두 수로 10을 만들어요. 1+2+8=11 (10, 11)

5+7+5의 계산: 합이 10이 되는 두 수를 찾아 더해요. 5+7+5=17 (10, 17)

● 계산해 보세요.

1 1+9+5=15 (10, 15)
2 3+7+2=12 (10, 12)
3 4+6+1=11 (10, 11)
4 5+5+6=16 (10, 16)
5 6+4+8=18 (10, 18)
6 7+3+5=15 (10, 15)
7 8+2+9=19 (10, 19)
8 9+1+6=16 (10, 16)
9 1+7+3=11 (10, 11)
10 2+6+4=12 (10, 12)
11 4+5+5=14 (10, 14)
12 6+2+8=16 (10, 16)
13 7+9+1=17 (10, 17)
14 2+3+8=13 (10, 13)
15 3+4+7=14 (10, 14)
16 5+1+5=11 (10, 11)
17 6+9+4=19 (10, 19)
18 8+5+2=15 (10, 15)

62 · 더 연산 덧셈 3. 여러 가지 덧셈 · 63

64쪽 ~ 65쪽

정답 14쪽

19 1+9+2=12
20 2+8+4=14
21 2+8+7=17
22 3+7+9=19
23 4+6+5=15
24 4+6+9=19
25 5+5+2=12
26 5+5+7=17

27 6+4+4=14
28 7+3+8=18
29 8+2+8=18
30 9+1+4=14
31 1+9+1=11
32 2+2+8=12
33 3+5+5=13
34 3+8+2=13

35 5+3+7=15
36 6+1+9=16
37 6+7+3=16
38 7+4+6=17
39 8+6+4=18
40 8+9+1=18
41 9+5+5=19
42 1+3+9=13

43 2+5+8=15
44 4+2+6=12
45 5+8+5=18
46 7+1+3=11
47 7+4+3=14
48 8+7+2=17
49 9+2+1=12
50 9+8+1=18

64 · 더 연산 덧셈 3. 여러 가지 덧셈 · 65

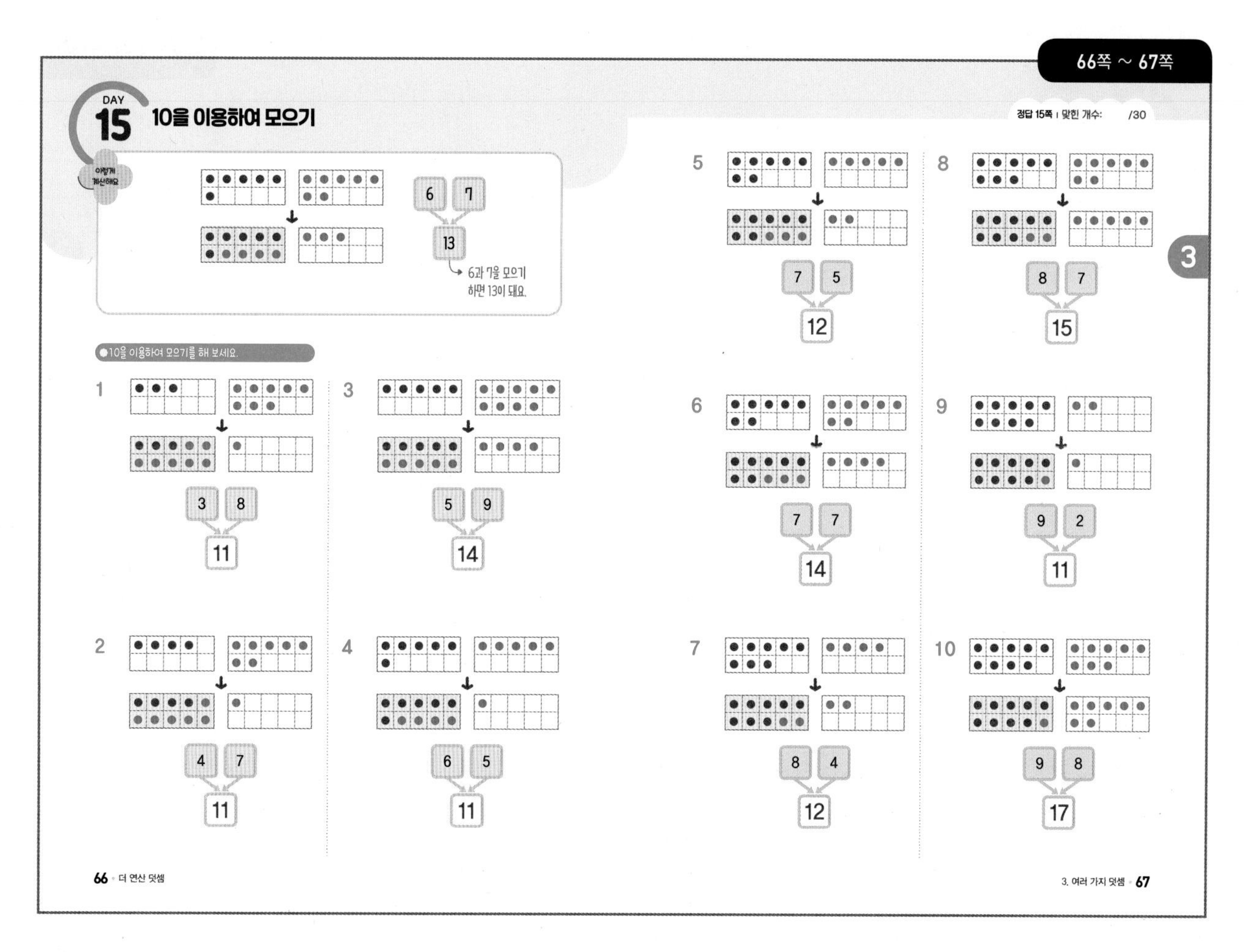
66쪽 ~ 67쪽
DAY 15
10을 이용하여 모으기
정답 15쪽 | 맞힌 개수: /30
이렇게 계산해요
6 7
13
6과 7을 모으기 하면 13이 돼요.
10을 이용하여 모으기를 해 보세요.
1
3 8
11
2
4 7
11
3
5 9
14
4
6 5
11
5
7 5
12
6
7 7
14
7
8 4
12
8
8 7
15
9
9 2
11
10
9 8
17
3
66 · 더 연산 덧셈
3. 여러 가지 덧셈 · 67

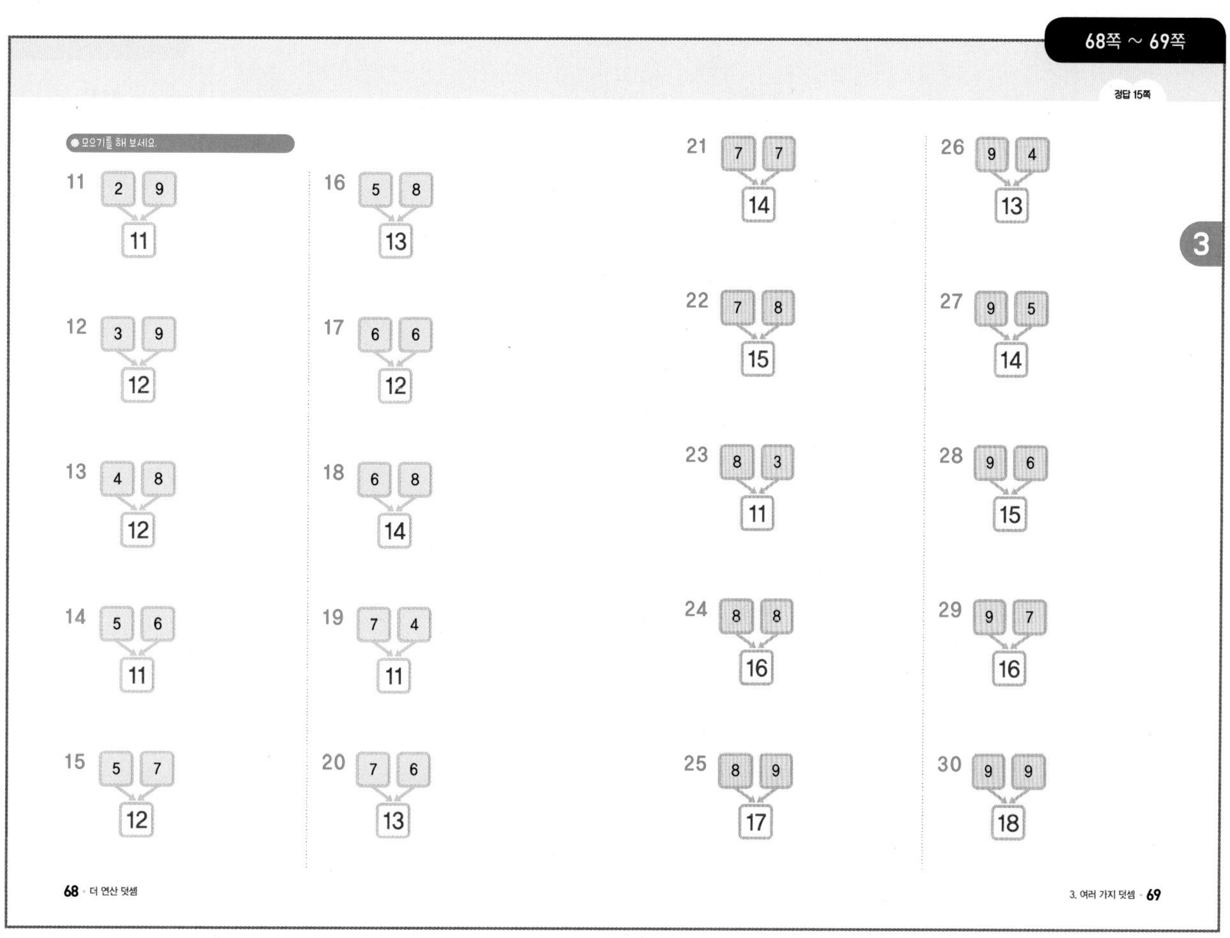
68쪽 ~ 69쪽
정답 15쪽
모으기를 해 보세요.
11
2 9
11
12
3 9
12
13
4 8
12
14
5 6
11
15
5 7
12
16
5 8
13
17
6 6
12
18
6 8
14
19
7 4
11
20
7 6
13
21
7 7
14
22
7 8
15
23
8 3
11
24
8 8
16
25
8 9
17
26
9 4
13
27
9 5
14
28
9 6
15
29
9 7
16
30
9 9
18
3
68 · 더 연산 덧셈
3. 여러 가지 덧셈 · 69

정답

70쪽 ~ 71쪽

DAY 16 (몇)+(몇) : 받아올림이 있는 경우

정답 16쪽 | 맞힌 개수: /48

이렇게 계산해요

6+8의 계산

방법 1 뒤의 수를 가르기하여 덧셈하기

6+8=14, 8 → 4, 4 (6이 10이 되도록 8을 4와 4로 가르기해요.)

방법 2 앞의 수를 가르기하여 덧셈하기

6+8=14, 6 → 4, 2 (8이 10이 되도록 6을 4와 2로 가르기해요.)

● 계산해 보세요.

1 2+9=11 (8, 1)

2 3+8=11 (7, 1)

3 4+9=13 (6, 3)

4 5+6=11 (1, 4)

5 5+8=13 (3, 2)

6 6+7=13 (3, 3)

7 6+9=15 (4, 5)

8 7+4=11 (3, 1)

9 7+7=14 (3, 4)

10 7+9=16 (3, 6)

11 8+4=12 (2, 2)

12 8+7=15 (5, 3)

13 8+9=17 (7, 1)

14 9+3=12 (2, 7)

15 9+5=14 (4, 5)

16 9+9=18 (8, 1)

70 · 더 연산 덧셈 | 3. 여러 가지 덧셈 · 71

72쪽 ~ 73쪽

정답 16쪽

17 2+9=11
18 3+8=11
19 3+9=12
20 4+8=12
21 4+9=13
22 5+6=11
23 5+7=12
24 5+8=13

25 5+9=14
26 6+5=11
27 6+6=12
28 6+7=13
29 6+8=14
30 6+9=15
31 7+4=11
32 7+5=12

33 7+6=13
34 7+7=14
35 7+9=16
36 8+4=12
37 8+5=13
38 8+6=14
39 8+7=15
40 8+8=16

41 8+9=17
42 9+2=11
43 9+3=12
44 9+4=13
45 9+6=15
46 9+7=16
47 9+8=17
48 9+9=18

72 · 더 연산 덧셈 | 3. 여러 가지 덧셈 · 73

74쪽 ~ 75쪽

DAY 17 평가

정답 17쪽 | 맞힌 개수: /25

● 두 수를 바꾸어 더해 보세요.

1 4+9=13, 9+4=13

2 6+8=14, 8+6=14

● 모으기를 해 보세요.

3 7, 9 → 16

4 9, 3 → 12

● 계산해 보세요.

5 1+3+4=8

6 1+9=10

7 2+8+6=16

8 2+9=11

9 3+3+3=9

10 3+5+1=9

11 3+9=12

12 4+2+2=8

13 4+6=10

14 4+8=12

15 5+5=10

16 6+3+7=16

17 6+5=11

18 7+1+1=9

19 7+3=10

20 7+3+5=15

21 8+2=10

22 8+4+2=14

23 8+7=15

24 9+1+7=17

25 9+9=18

74 더 연산 덧셈 3. 여러 가지 덧셈 75

76쪽

정답 17쪽

숨은그림 찾기 숨은 그림 8개를 찾아보세요.

76 더 연산 덧셈

정답

78쪽 ~ 79쪽

DAY 18 (두 자리 수)+(한 자리 수)

정답 18쪽 | 맞힌 개수: /48

이렇게 계산해요

26+8의 계산

자리를 맞추어 써요. 일의 자리에서 받아올림한 수

26+8 → 6+8=14 → 1+2=3 → 34

● 계산해 보세요.

1. 15+7=22
2. 19+2=21
3. 23+9=32
4. 28+4=32
5. 33+8=41
6. 36+7=43
7. 39+3=42
8. 42+9=51
9. 44+8=52
10. 49+1=50
11. 53+9=62
12. 56+6=62
13. 57+4=61
14. 65+7=72
15. 69+9=78
16. 75+8=83
17. 78+3=81
18. 79+3=82
19. 84+9=93
20. 87+5=92

80쪽 ~ 81쪽

정답 18쪽

21. 12+9=21
22. 14+7=21
23. 18+8=26
24. 19+7=26
25. 24+6=30
26. 25+9=34
27. 29+4=33
28. 32+9=41
29. 37+5=42
30. 38+8=46
31. 41+9=50
32. 43+8=51
33. 46+5=51
34. 49+4=53
35. 52+8=60
36. 55+7=62
37. 58+6=64
38. 63+7=70
39. 64+9=73
40. 66+4=70
41. 68+3=71
42. 72+9=81
43. 74+8=82
44. 76+5=81
45. 83+7=90
46. 87+6=93
47. 88+9=97
48. 89+5=94

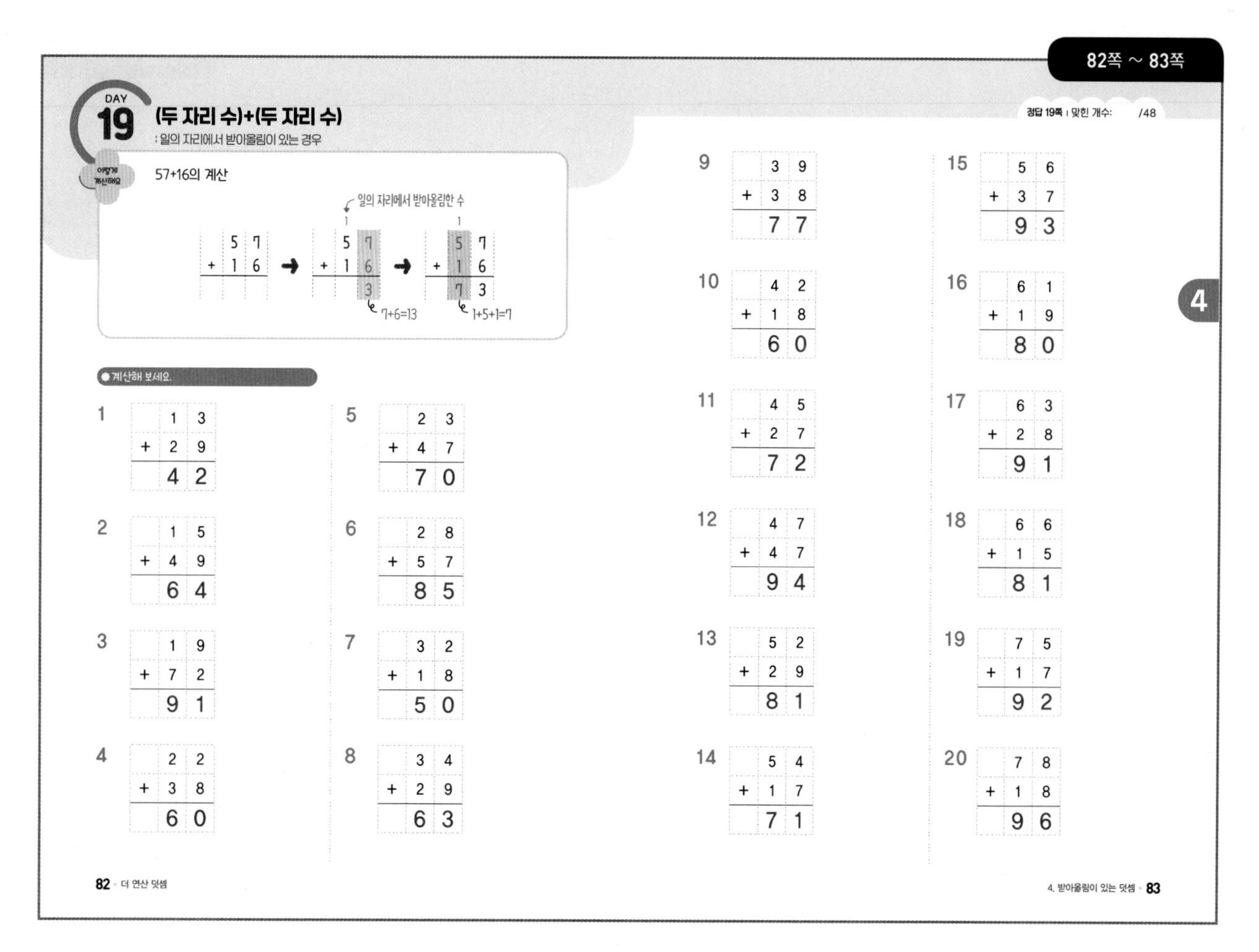
82쪽 ~ 83쪽

DAY 19 (두 자리 수)+(두 자리 수)
: 일의 자리에서 받아올림이 있는 경우

정답 19쪽 | 맞힌 개수: /48

어떻게 계산하요 57+16의 계산

● 계산해 보세요.

1. 13 + 29 = 42
2. 15 + 49 = 64
3. 19 + 72 = 91
4. 22 + 38 = 60
5. 23 + 47 = 70
6. 28 + 57 = 85
7. 32 + 18 = 50
8. 34 + 29 = 63
9. 39 + 38 = 77
10. 42 + 18 = 60
11. 45 + 27 = 72
12. 47 + 47 = 94
13. 52 + 29 = 81
14. 54 + 17 = 71
15. 56 + 37 = 93
16. 61 + 19 = 80
17. 63 + 28 = 91
18. 66 + 15 = 81
19. 75 + 17 = 92
20. 78 + 18 = 96

82 · 더 연산 덧셈 4. 받아올림이 있는 덧셈 · 83

84쪽 ~ 85쪽

정답 19쪽

21. 12 + 48 = 60
22. 14 + 29 = 43
23. 16 + 38 = 54
24. 18 + 54 = 72
25. 23 + 39 = 62
26. 25 + 46 = 71
27. 27 + 27 = 54
28. 29 + 67 = 96
29. 31 + 39 = 70
30. 35 + 18 = 53
31. 37 + 26 = 63
32. 38 + 44 = 82
33. 42+39=81
34. 43+18=61
35. 46+37=83
36. 49+25=74
37. 54+19=73
38. 55+26=81
39. 57+17=74
40. 59+35=94
41. 62+18=80
42. 64+28=92
43. 66+26=92
44. 69+27=96
45. 73+19=92
46. 75+18=93
47. 77+17=94
48. 79+19=98

84 · 더 연산 덧셈 4. 받아올림이 있는 덧셈 · 85

정답

86쪽 ~ 87쪽

DAY 20 **(두 자리 수)+(두 자리 수)**

: 십의 자리에서 받아올림이 있는 경우

정답 20쪽 | 맞힌 개수: /48

이렇게 계산해요

63+54의 계산

십의 자리에서 받아올림한 수

$63+54$: $3+4=7$ → $6+5=11$ → 117

● 계산해 보세요.

1. $14+90=104$
2. $21+81=102$
3. $25+92=117$
4. $33+82=115$
5. $37+91=128$
6. $41+64=105$
7. $46+82=128$
8. $48+71=119$
9. $50+67=117$
10. $54+81=135$
11. $63+72=135$
12. $66+80=146$
13. $72+52=124$
14. $77+72=149$
15. $81+67=148$
16. $85+73=158$
17. $89+90=179$
18. $90+42=132$
19. $96+22=118$
20. $98+51=149$

88쪽 ~ 89쪽

정답 20쪽

21. $15+94=109$
22. $22+97=119$
23. $26+93=119$
24. $33+70=103$
25. $34+81=115$
26. $36+92=128$
27. $38+71=109$
28. $40+75=115$
29. $42+86=128$
30. $44+92=136$
31. $47+72=119$
32. $51+67=118$
33. 52+75=127
34. 53+81=134
35. 56+92=148
36. 64+70=134
37. 65+83=148
38. 66+71=137
39. 72+44=116
40. 73+65=138
41. 74+85=159
42. 80+27=107
43. 81+93=174
44. 83+71=154
45. 92+23=115
46. 94+33=127
47. 95+64=159
48. 97+81=178

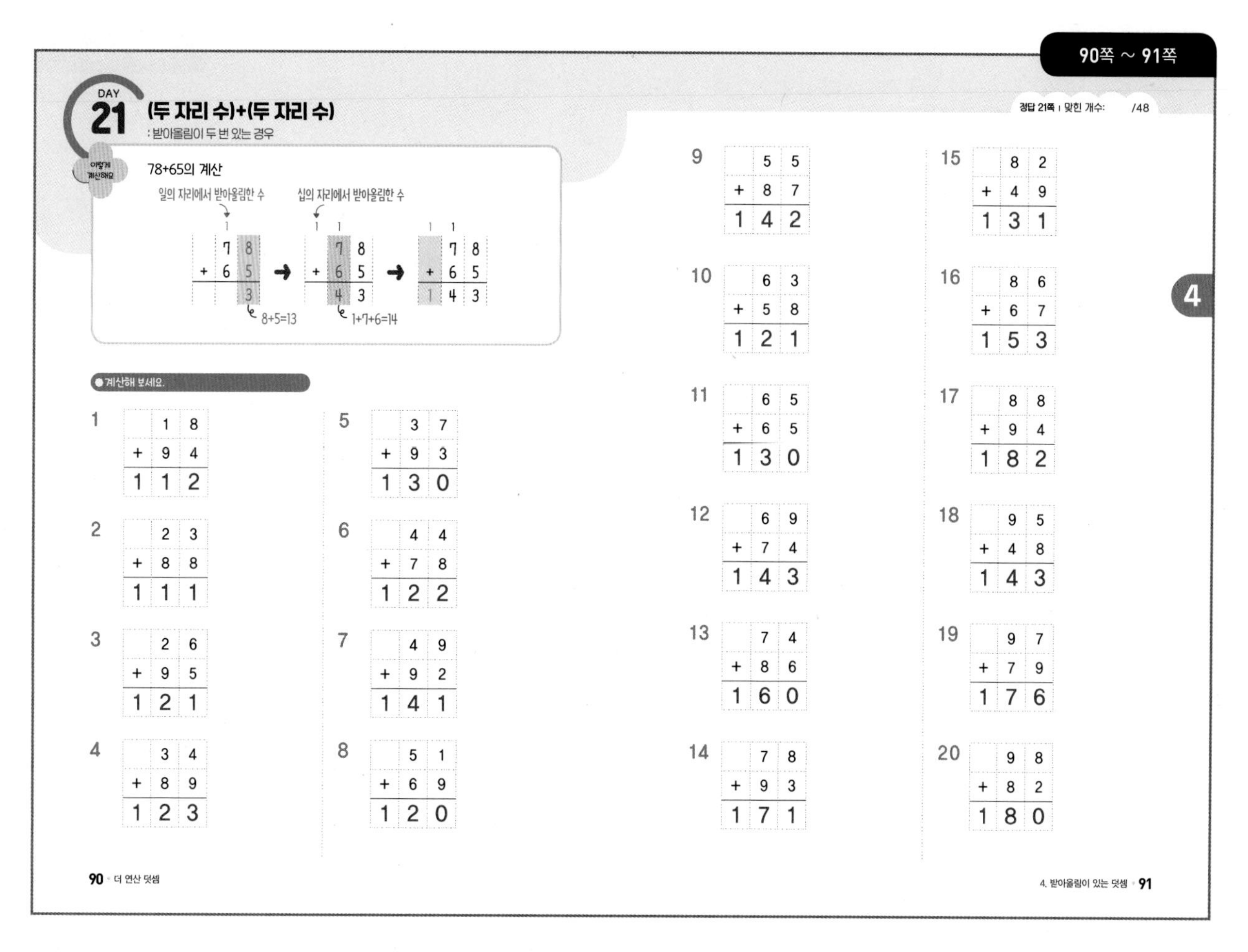

90쪽 ~ 91쪽

DAY 21 (두 자리 수)+(두 자리 수)

: 받아올림이 두 번 있는 경우

정답 21쪽 | 맞힌 개수: /48

이렇게 계산해요

78+65의 계산

일의 자리에서 받아올림한 수 / 십의 자리에서 받아올림한 수

78+65 → 8+5=13 → 1+7+6=14 → 143

● 계산해 보세요.

1. 18+94=112
2. 23+88=111
3. 26+95=121
4. 34+89=123
5. 37+93=130
6. 44+78=122
7. 49+92=141
8. 51+69=120
9. 55+87=142
10. 63+58=121
11. 65+65=130
12. 69+74=143
13. 74+86=160
14. 78+93=171
15. 82+49=131
16. 86+67=153
17. 88+94=182
18. 95+48=143
19. 97+79=176
20. 98+82=180

90 · 더 연산 덧셈 / 4. 받아올림이 있는 덧셈 · 91

92쪽 ~ 93쪽

정답 21쪽

21. 17+95=112
22. 23+87=110
23. 26+98=124
24. 29+84=113
25. 32+79=111
26. 35+86=121
27. 38+96=134
28. 41+79=120
29. 44+99=143
30. 46+78=124
31. 47+84=131
32. 52+69=121
33. 54+86=140
34. 57+95=152
35. 59+88=147
36. 62+59=121
37. 64+88=152
38. 68+73=141
39. 71+79=150
40. 76+45=121
41. 79+96=175
42. 83+49=132
43. 84+66=150
44. 87+87=174
45. 88+74=162
46. 92+99=191
47. 95+67=162
48. 96+76=172

92 · 더 연산 덧셈 / 4. 받아올림이 있는 덧셈 · 93

정답

94쪽 ~ 95쪽

DAY 22 여러 가지 방법으로 덧셈하기

정답 22쪽 | 맞힌 개수: /32

36+58의 계산

방법 1: 36 + 58 (50 8)
36+58=36+50+8
=86+8
=94

방법 2: 36 + 58 (4 54)
36+58=36+4+54
=40+54
=94

방법 3: 36 + 58 (30 6 50 8)
36+58=30+50+6+8
=80+14
=94

□안에 알맞은 수를 써넣으세요.

1. 15 + 47 (40 7)
15+47=15+40+7
=55+7
=62

2. 23 + 29 (20 9)
23+29=23+20+9
=43+9
=52

3. 34 + 48 (40 8)
34+48=34+40+8
=74+8
=82

4. 57 + 15 (10 5)
57+15=57+10+5
=67+5
=72

5. 14 + 29 (6 23)
14+29=14+6+23
=20+23
=43

6. 33 + 48 (7 41)
33+48=33+7+41
=40+41
=81

7. 49 + 16 (1 15)
49+16=49+1+15
=50+15
=65

8. 65 + 27 (5 22)
65+27=65+5+22
=70+22
=92

9. 22 + 39 (20 2 30 9)
22+39=20+30+2+9
=50+11
=61

10. 45 + 17 (40 5 10 7)
45+17=40+10+5+7
=50+12
=62

11. 58 + 26 (50 8 20 6)
58+26=50+20+8+6
=70+14
=84

12. 76 + 18 (70 6 10 8)
76+18=70+10+6+8
=80+14
=94

96쪽 ~ 97쪽

정답 22쪽

13. 14+28=14+20+8
=34+8
=42

14. 22+58=22+50+8
=72+8
=80

15. 29+37=29+30+7
=59+7
=66

16. 36+47=36+40+7
=76+7
=83

17. 43+19=43+10+9
=53+9
=62

18. 57+36=57+30+6
=87+6
=93

19. 65+29=65+20+9
=85+9
=94

20. 77+14=77+10+4
=87+4
=91

21. 18+56=18+2+54
=20+54
=74

22. 24+17=24+6+11
=30+11
=41

23. 35+48=35+5+43
=40+43
=83

24. 42+19=42+8+11
=50+11
=61

25. 59+36=59+1+35
=60+35
=95

26. 63+27=63+7+20
=70+20
=90

27. 76+16=76+4+12
=80+12
=92

28. 17+34=10+30+7+4
=40+11
=51

29. 26+59=20+50+6+9
=70+15
=85

30. 34+28=30+20+4+8
=50+12
=62

31. 48+37=40+30+8+7
=70+15
=85

32. 55+16=50+10+5+6
=60+11
=71

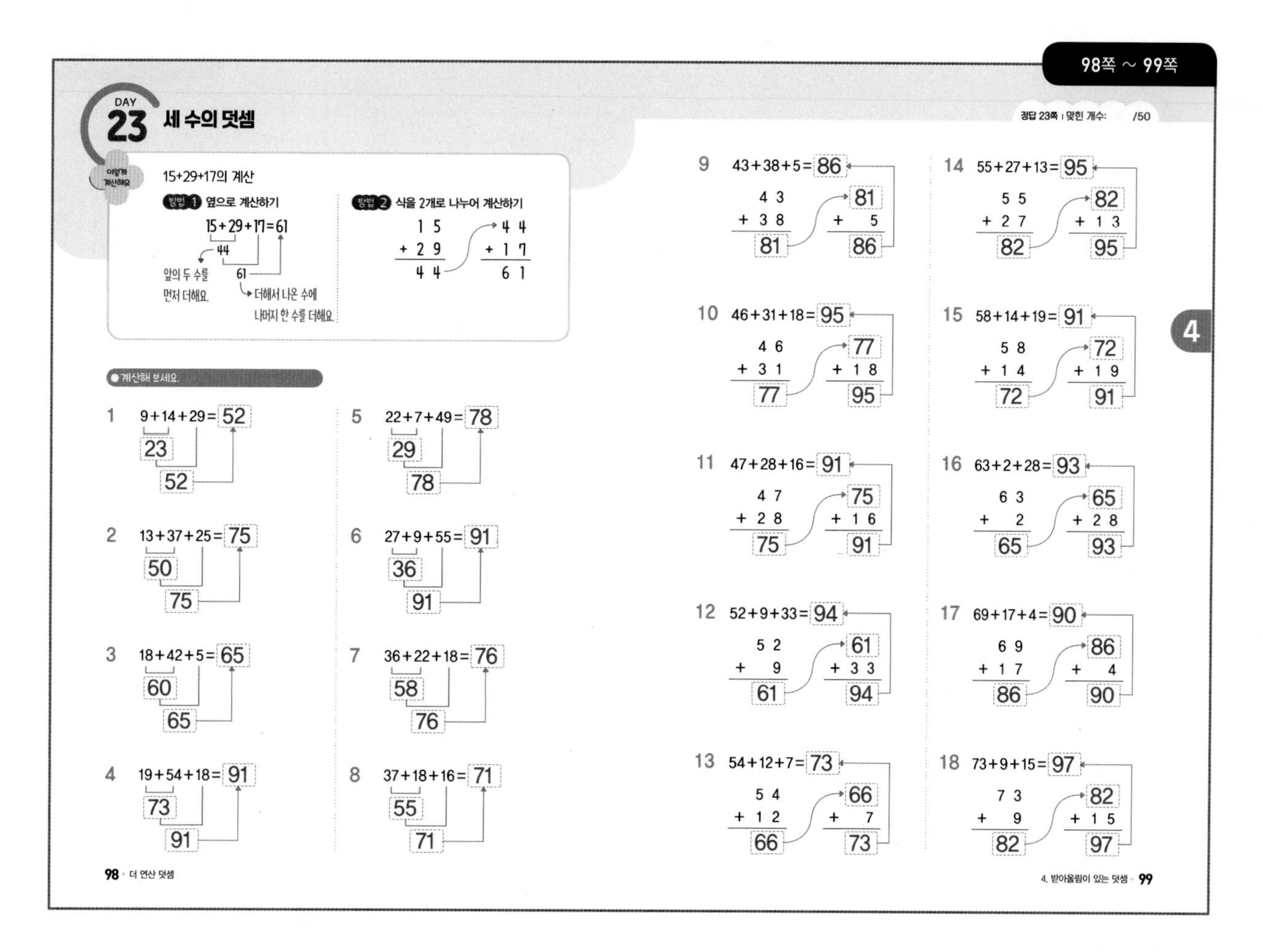

98쪽 ~ 99쪽

DAY 23 세 수의 덧셈

정답 23쪽 | 맞힌 개수: /50

다양하게 계산해요

15+29+17의 계산

방법 1 옆으로 계산하기

15+29+17=61

44, 61

앞의 두 수를 먼저 더해요. 더해서 나온 수에 나머지 한 수를 더해요.

방법 2 식을 2개로 나누어 계산하기

15 + 29 = 44, 44 + 17 = 61

● 계산해 보세요.

1 9+14+29=52 (23, 52)

2 13+37+25=75 (50, 75)

3 18+42+5=65 (60, 65)

4 19+54+18=91 (73, 91)

5 22+7+49=78 (29, 78)

6 27+9+55=91 (36, 91)

7 36+22+18=76 (58, 76)

8 37+18+16=71 (55, 71)

9 43+38+5=86 (43+38=81, 81+5=86)

10 46+31+18=95 (46+31=77, 77+18=95)

11 47+28+16=91 (47+28=75, 75+16=91)

12 52+9+33=94 (52+9=61, 61+33=94)

13 54+12+7=73 (54+12=66, 66+7=73)

14 55+27+13=95 (55+27=82, 82+13=95)

15 58+14+19=91 (58+14=72, 72+19=91)

16 63+2+28=93 (63+2=65, 65+28=93)

17 69+17+4=90 (69+17=86, 86+4=90)

18 73+9+15=97 (73+9=82, 82+15=97)

98 더 연산 덧셈

4. 받아올림이 있는 덧셈 99

100쪽 ~ 101쪽

정답 23쪽

19 5+38+28=71

20 6+29+17=52

21 9+46+25=80

22 13+8+49=70

23 15+27+39=81

24 17+19+3=39

25 18+31+5=54

26 19+44+23=86

27 22+18+15=55

28 24+39+17=80

29 25+9+17=51

30 27+11+36=74

31 28+47+19=94

32 30+16+17=63

33 31+4+29=64

34 33+28+29=90

35 36+18+7=61

36 37+21+33=91

37 42+9+18=69

38 44+37+15=96

39 45+29+16=90

40 48+18+15=81

41 49+27+8=84

42 51+6+26=83

43 53+19+18=90

44 56+27+11=94

45 57+13+4=74

46 58+15+19=92

47 62+12+17=91

48 64+7+19=90

49 68+8+16=92

50 69+15+13=97

100 더 연산 덧셈

4. 받아올림이 있는 덧셈 101

정답

102쪽 ~ 103쪽

DAY 24 평가

정답 24쪽 | 맞힌 개수: /24

● □ 안에 알맞은 수를 써넣으세요.

1 13+39=13+30+9 =43+9 =52

2 26+45=26+4+41 =30+41 =71

3 44+28=40+20+4+8 =60+12 =72

4 57+16=57+10+6 =67+6 =73

5 68+17=68+2+15 =70+15 =85

● 계산해 보세요.

6 12+8=20

7 18+14=32

8 19+77=96

9 24+88=112

10 27+91=118

11 33+19+7=59

12 36+5=41

13 43+39=82

14 47+85=132

15 51+74=125

16 55+8=63

17 59+18+17=94

18 61+5+26=92

19 68+27=95

20 71+76=147

21 77+69=146

22 84+8=92

23 92+56=148

24 95+87=182

102 · 더 연산 덧셈 4. 받아올림이 있는 덧셈 103

104쪽

정답 24쪽

숨은그림 찾기

숨은 그림 8개를 찾아보세요.

104 · 더 연산 덧셈

106쪽 ~ 107쪽

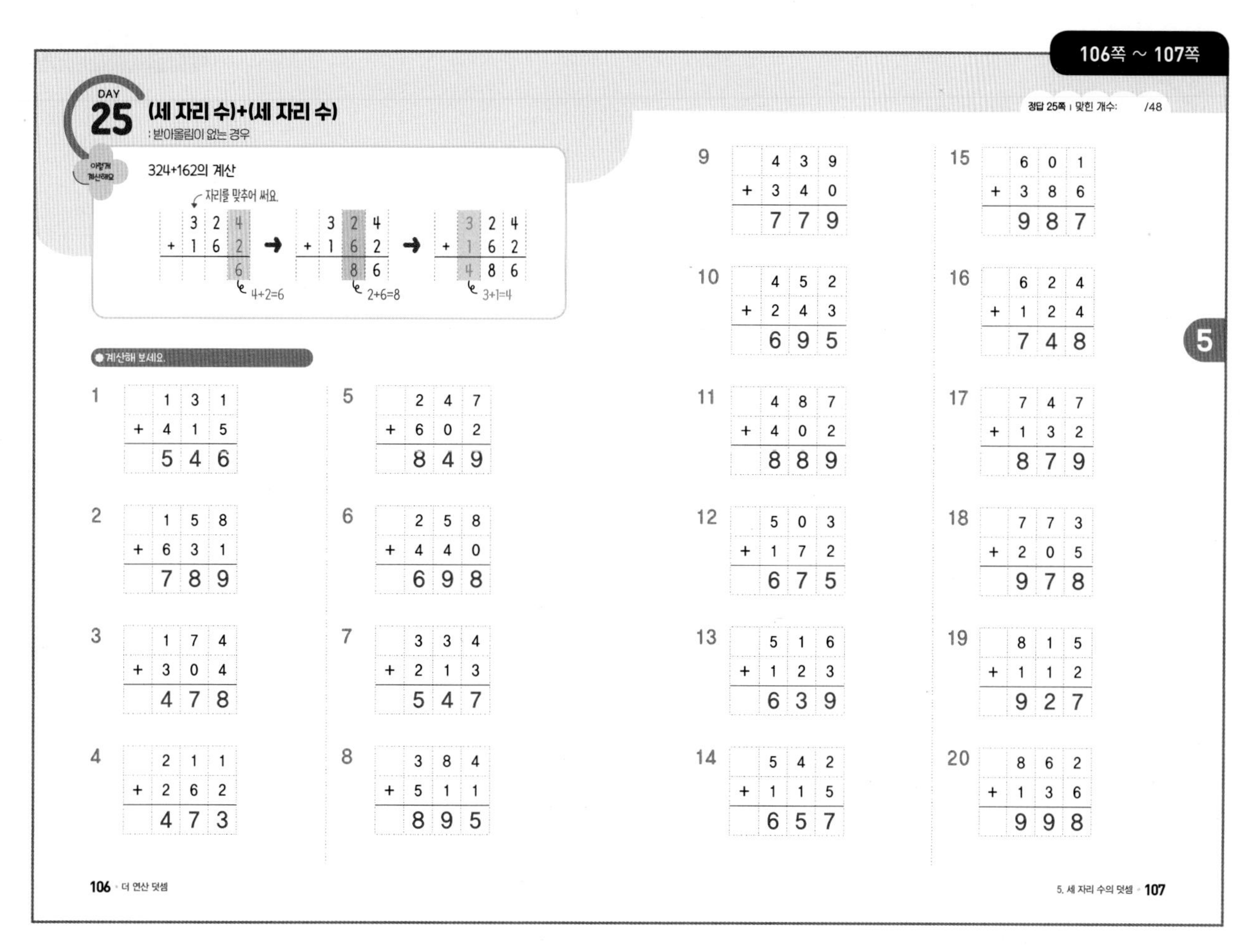

DAY 25 (세 자리 수)+(세 자리 수)
: 받아올림이 없는 경우

정답 25쪽 | 맞힌 개수: /48

이렇게 계산해요

324+162의 계산

자리를 맞추어 써요.

324 + 162 → 4+2=6 → 2+6=8 → 3+1=4 → 486

● 계산해 보세요.

1. 131 + 415 = 546
2. 158 + 631 = 789
3. 174 + 304 = 478
4. 211 + 262 = 473
5. 247 + 602 = 849
6. 258 + 440 = 698
7. 334 + 213 = 547
8. 384 + 511 = 895
9. 439 + 340 = 779
10. 452 + 243 = 695
11. 487 + 402 = 889
12. 503 + 172 = 675
13. 516 + 123 = 639
14. 542 + 115 = 657
15. 601 + 386 = 987
16. 624 + 124 = 748
17. 747 + 132 = 879
18. 773 + 205 = 978
19. 815 + 112 = 927
20. 862 + 136 = 998

106 · 더 연산 덧셈 5. 세 자리 수의 덧셈 · 107

108쪽 ~ 109쪽

정답 25쪽

21. 105 + 434 = 539
22. 144 + 251 = 395
23. 163 + 521 = 684
24. 182 + 715 = 897
25. 223 + 351 = 574
26. 237 + 612 = 849
27. 250 + 113 = 363
28. 284 + 405 = 689
29. 315 + 223 = 538
30. 336 + 622 = 958
31. 365 + 514 = 879
32. 377 + 301 = 678
33. 421+335=756
34. 442+127=569
35. 476+422=898
36. 480+306=786
37. 504+123=627
38. 515+271=786
39. 533+114=647
40. 557+212=769
41. 615+152=767
42. 630+157=787
43. 672+310=982
44. 701+286=987
45. 723+141=864
46. 752+223=975
47. 804+195=999
48. 843+111=954

108 · 더 연산 덧셈 5. 세 자리 수의 덧셈 · 109

110쪽 ~ 111쪽

정답 26쪽 | 맞힌 개수: /48

DAY 26 (세 자리 수)+(세 자리 수)
: 받아올림이 한 번 있는 경우

이렇게 계산해요

257+419의 계산

일의 자리에서 받아올림한 수

257 + 419: 7+9=16 → 1+5+1=7 → 2+4=6 → 676

● 계산해 보세요.

1. 147 + 316 = 463
2. 159 + 516 = 675
3. 213 + 328 = 541
4. 248 + 127 = 375
5. 269 + 517 = 786
6. 309 + 157 = 466
7. 316 + 127 = 443
8. 335 + 328 = 663
9. 457 + 190 = 647
10. 467 + 251 = 718
11. 493 + 376 = 869
12. 541 + 196 = 737
13. 552 + 282 = 834
14. 595 + 281 = 876
15. 641 + 163 = 804
16. 676 + 281 = 957
17. 680 + 229 = 909
18. 751 + 195 = 946
19. 782 + 173 = 955
20. 794 + 132 = 926

5

110 · 더 연산 덧셈 5. 세 자리 수의 덧셈 · 111

112쪽 ~ 113쪽

정답 26쪽

21. 123 + 349 = 472
22. 127 + 856 = 983
23. 136 + 218 = 354
24. 175 + 408 = 583
25. 224 + 517 = 741
26. 239 + 354 = 593
27. 256 + 107 = 363
28. 278 + 618 = 896
29. 301 + 229 = 530
30. 337 + 158 = 495
31. 346 + 419 = 765
32. 359 + 624 = 983
33. 421+390=811
34. 440+182=622
35. 451+276=727
36. 463+482=945
37. 527+391=918
38. 554+192=746
39. 581+274=855
40. 593+141=734
41. 636+272=908
42. 651+172=823
43. 678+131=809
44. 699+210=909
45. 724+193=917
46. 740+196=936
47. 755+183=938
48. 756+182=938

5

112 · 더 연산 덧셈 5. 세 자리 수의 덧셈 · 113

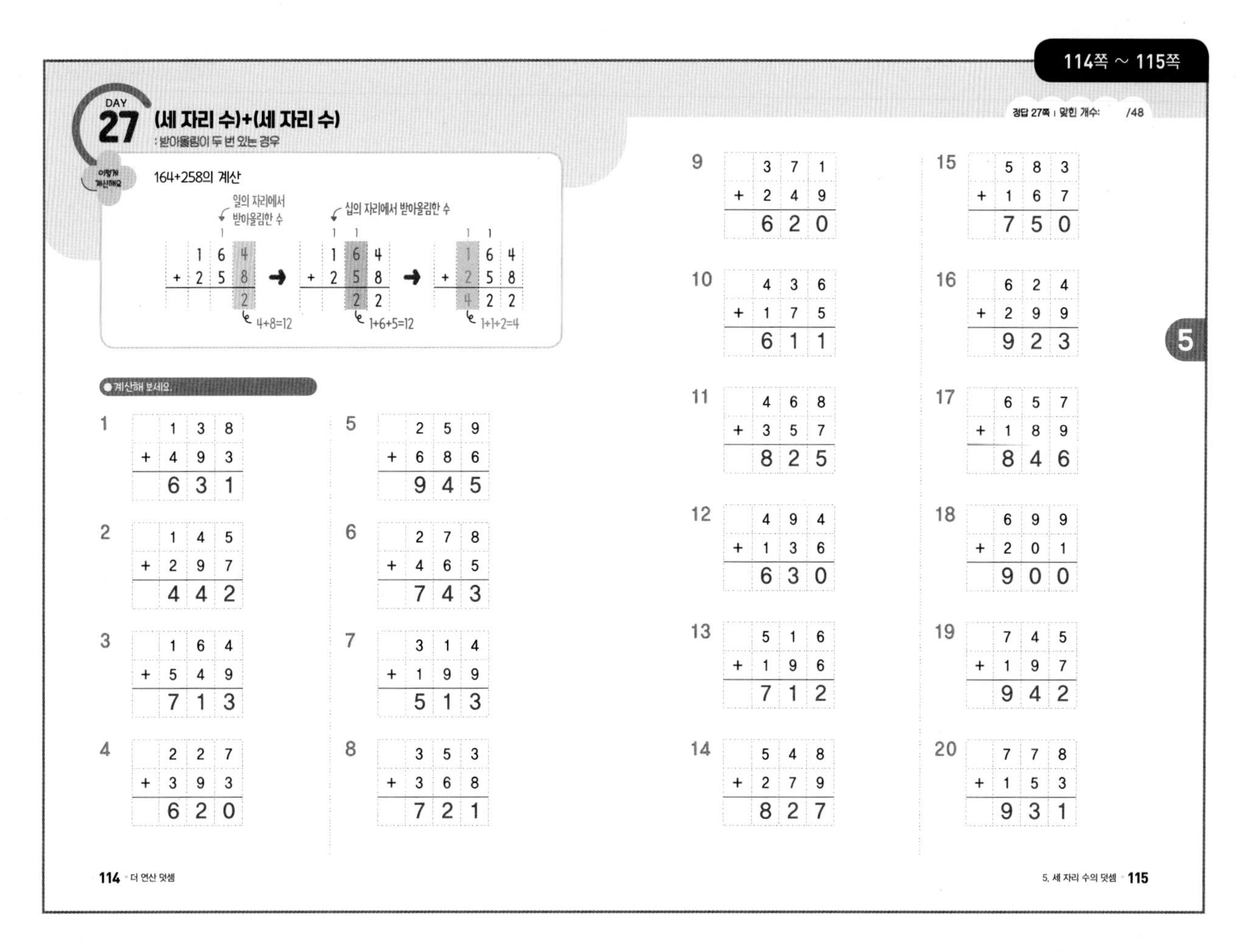

114쪽 ~ 115쪽

DAY 27 (세 자리 수)+(세 자리 수)
: 받아올림이 두 번 있는 경우

정답 27쪽 | 맞힌 개수: /48

이렇게 계산해요

164+258의 계산

일의 자리에서 받아올림한 수 / 십의 자리에서 받아올림한 수

$164+258$: 4+8=12 → 1+6+5=12 → 1+1+2=4 → 422

● 계산해 보세요.

1. 138 + 493 = 631
2. 145 + 297 = 442
3. 164 + 549 = 713
4. 227 + 393 = 620
5. 259 + 686 = 945
6. 278 + 465 = 743
7. 314 + 199 = 513
8. 353 + 368 = 721
9. 371 + 249 = 620
10. 436 + 175 = 611
11. 468 + 357 = 825
12. 494 + 136 = 630
13. 516 + 196 = 712
14. 548 + 279 = 827
15. 583 + 167 = 750
16. 624 + 299 = 923
17. 657 + 189 = 846
18. 699 + 201 = 900
19. 745 + 197 = 942
20. 778 + 153 = 931

5

114 · 더 연산 덧셈 5. 세 자리 수의 덧셈 · 115

116쪽 ~ 117쪽

정답 27쪽

21. 114 + 598 = 712
22. 147 + 369 = 516
23. 173 + 757 = 930
24. 185 + 256 = 441
25. 236 + 497 = 733
26. 264 + 578 = 842
27. 284 + 239 = 523
28. 292 + 358 = 650
29. 325 + 297 = 622
30. 337 + 395 = 732
31. 376 + 546 = 922
32. 388 + 135 = 523
33. 419+292=711
34. 455+196=651
35. 466+377=843
36. 484+439=923
37. 525+296=821
38. 537+375=912
39. 562+179=741
40. 594+228=822
41. 613+198=811
42. 624+176=800
43. 654+256=910
44. 668+274=942
45. 725+199=924
46. 738+175=913
47. 766+156=922
48. 793+128=921

5

116 · 더 연산 덧셈 5. 세 자리 수의 덧셈 · 117

118쪽 ~ 119쪽

정답 28쪽 | 맞힌 개수: /48

DAY 28 **(세 자리 수)+(세 자리 수)**

: 받아올림이 세 번 있는 경우

678+453의 계산

일의 자리에서 받아올림한 수 / 십의 자리에서 받아올림한 수

678 + 453: 8+3=11 → 1+7+5=13 → 1+6+4=11 → 1131

● 계산해 보세요.

1. 159 + 873 = 1032
2. 174 + 966 = 1140
3. 265 + 878 = 1143
4. 292 + 919 = 1211
5. 347 + 785 = 1132
6. 382 + 849 = 1231
7. 425 + 697 = 1122
8. 476 + 856 = 1332
9. 558 + 667 = 1225
10. 583 + 789 = 1372
11. 637 + 595 = 1232
12. 669 + 854 = 1523
13. 726 + 795 = 1521
14. 751 + 649 = 1400
15. 793 + 328 = 1121
16. 815 + 696 = 1511
17. 874 + 758 = 1632
18. 945 + 487 = 1432
19. 948 + 866 = 1814
20. 988 + 766 = 1754

5

120쪽 ~ 121쪽

정답 28쪽

21. 168 + 975 = 1143
22. 195 + 929 = 1124
23. 233 + 888 = 1121
24. 257 + 969 = 1226
25. 279 + 955 = 1234
26. 296 + 749 = 1045
27. 329 + 886 = 1215
28. 345 + 797 = 1142
29. 396 + 927 = 1323
30. 418 + 792 = 1210
31. 466 + 958 = 1424
32. 479 + 545 = 1024
33. 485+887=1372
34. 525+899=1424
35. 547+665=1212
36. 572+569=1141
37. 611+699=1310
38. 657+496=1153
39. 694+738=1432
40. 737+675=1412
41. 768+449=1217
42. 777+768=1545
43. 825+997=1822
44. 856+468=1324
45. 894+636=1530
46. 936+375=1311
47. 967+669=1636
48. 972+959=1931

5

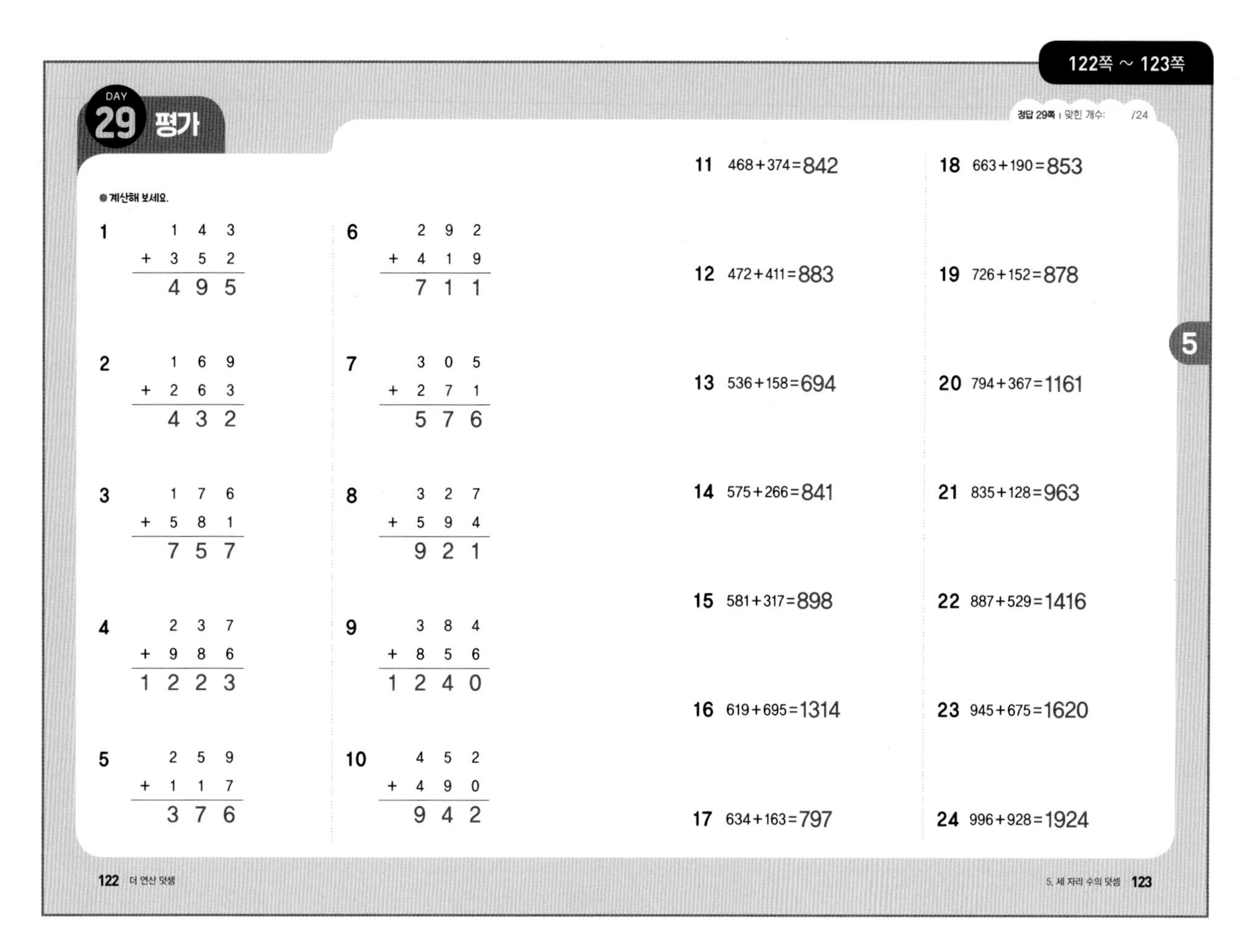
122쪽 ~ 123쪽

DAY 29 평가

정답 29쪽 | 맞힌 개수: /24

● 계산해 보세요.

1. 143 + 352 = 495
2. 169 + 263 = 432
3. 176 + 581 = 757
4. 237 + 986 = 1223
5. 259 + 117 = 376
6. 292 + 419 = 711
7. 305 + 271 = 576
8. 327 + 594 = 921
9. 384 + 856 = 1240
10. 452 + 490 = 942
11. 468+374=842
12. 472+411=883
13. 536+158=694
14. 575+266=841
15. 581+317=898
16. 619+695=1314
17. 634+163=797
18. 663+190=853
19. 726+152=878
20. 794+367=1161
21. 835+128=963
22. 887+529=1416
23. 945+675=1620
24. 996+928=1924

122 더 연산 덧셈

5. 세 자리 수의 덧셈 123

124쪽

정답 29쪽

숨은그림 찾기

숨은 그림 8개를 찾아보세요.

124 더 연산 덧셈

MEMO

MEMO

MEMO